Regard éthique

Le clonage

Version anglaise:

Ethical eye : cloning

ISBN 92-871-4702-7

Les opinions exprimées dans cet ouvrage sont celles des auteurs et ne reflètent pas nécessairement la ligne officielle du Conseil de l'Europe.

Couverture: Atelier de conception graphique, Conseil de l'Europe
Illustration: Photo de Man Ray intitulée *Noire et blanche,* Paris, 1926

Mise en page: Unité PAO, Conseil de l'Europe

Edité par les Editions du Conseil de l'Europe
http://book.coe.int
F-67075 Strasbourg Cedex

ISBN 92-871-4701-9

Imprimé en Allemagne par Koelblin-Fortuna-Druck

Table des matières

Agis de telle sorte que tu traites la personne humaine, en toi comme les autres, toujours en même temps comme une fin et jamais comme un simple moyen.

Kant

Les auteurs

Anne McLaren

Diplômée de l'université d'Oxford, le Dr Anne McLaren a été pendant dix-huit ans directrice de l'Unité sur le développement des mammifères au Medical Research Council à Londres. Elle travaille actuellement au Wellcome/CRC Institute of Cancer and Developmental Biology (Cambridge), et ses recherches englobent la biologie développementale, la biologie reproductive et la génétique, notamment moléculaire. Après avoir été membre du Comité Warnock pour la fertilisation et l'embryologie humaines au sein du Gouvernement du Royaume-Uni, elle est à présent membre dans ce pays des autorités qui réglementent la fécondation *in vitro* (FIV) et la recherche embryonnaire. Elle appartient également au Comité de bioéthique de la Fondation Nuffield et au Groupe européen d'éthique des sciences et des nouvelles technologies (GEE) de la Commission européenne.

Colin Tudge

Colin Tudge a étudié la zoologie à Cambridge dans les années 1960 et est devenu écrivain. Il a nourri toute sa vie une passion pour la philosophie morale. Il écrit régulièrement pour *The New Statesman* et a déjà signé une douzaine de livres sur l'évolution, la génétique, l'agriculture et la protection de l'environnement. Il a récemment travaillé en collaboration avec les créateurs de Dolly, les professeurs Ian Wilmut et Keith Campbell, pour la réalisation d'un livre sur le clonage. Depuis 1995, il est maître de recherche associé au Centre de philosophie de la London School of Economics.

John B. Gurdon

Le professeur Sir John Gurdon a été en 1958 le premier créateur d'un animal vertébré adulte normal par clonage. Il a consacré toute sa carrière scientifique à la compréhension des mécanismes du développement, essentiellement grâce à ses recherches dans le domaine de la transplantation nucléaire, la micro-injection de messagers ARN et l'interprétation de gradient.

James Byrne

Chercheur dans le laboratoire du Dr Gurdon, James Byrne prépare un doctorat en philosophie. L'élucidation des mécanismes de la reprogrammation nucléaire des vertébrés est au cœur de ses recherches. Il a publié divers articles sur les aspects éthiques et scientifiques du clonage thérapeutique et reproductif des vertébrés.

Keith H. S. Campbell

Le professeur Keith H. S. Campbell est biologiste-embryologiste. Il possède vingt-six années d'expérience scientifique, dont dix-sept dans le domaine de la croissance et de la différenciation cellulaires, parmi lesquelles douze années de travail sur les jeunes embryons. En 1991, il entre au Roslin Institute et produit des embryons mammifères par transfert nucléaire, et, en 1996, il réussi à cloner Dolly en utilisant le clonage par transfert nucléaire d'une cellule somatique. Il quitte le Roslin Institute en 1997 pour devenir chef de l'embryologie aux PPL Therapeutics. Depuis 1999 il est professeur de développement animal à l'université de Nottingham.

Claude Sureau

Le professeur Claude Sureau, licencié ès sciences, est gynécologue-obstétricien et ancien chef du service de gynécologie-obstétrique de la clinique universitaire Baudelocque. Président de la Fédération internationale de gynécologie-obstétrique de 1982 à 1985 et, de son Comité d'éthique de 1985 à 1994, il a également été à la tête de l'Association européenne de gynécologie-obstétrique et de la Fédération des gynécologues-obstétriciens de langue française. Il est membre depuis 1978 de l'Académie de médecine qu'il a présidée en 2000. Ses derniers ouvrages parus sont *Ethical problems in Obstetrics et Gynaecology* (Baillière) en 2000, et *Alice au pays des clones* (Stock, 1999, J'ai lu, 2000, traduction japonaise en 2001).

Egbert Schroten

Après avoir étudié la philosophie et la théologie à Utrecht et à Strasbourg, le professeur Schroten a été conférencier en philosophie de la religion et en éthique de 1969 à 1987. Depuis 1987, il est professeur d'éthique chrétienne à l'université d'Utrecht (faculté de théologie). Il est également directeur du Centre universitaire de bioéthique et de droit de la santé, recteur de l'Institut réformé de théologie académique. De 1994 à 2001, il a été membre du Groupe de conseillers pour l'éthique et la biothechnologie (GCEB) devenu le Groupe européen d'éthique pour les sciences et les technologies (GEE). Il est également président du Comité national de biotechnologie animale des Pays-Bas.

Axel Kahn

Axel Kahn, médecin et biologiste, dirige maintenant l'Institut Cochin à Paris. Il est membre depuis dix ans du Comité consultatif national d'éthique français et, depuis 2000, préside le Groupe des experts de haut niveau en sciences de la vie auprès du commissaire européen chargé de la recherche et de la technologie. Il a écrit de nombreux ouvrages, parmi lesquels: *Copie conforme, le clonage en question,* Nil Edition, Paris, 1998. *Et l'homme dans tout ça? – Plaidoyer pour un humanisme moderne,* Nil Edition, Paris, 2000.

Dietmar Mieth

Dietmar Mieth est professeur d'éthique catholique à la faculté de théologie de l'université de Tübingen. Il est depuis 1997 membre du Groupe européen d'éthique pour les sciences et les technologies de l'Union européenne. Parmi ses publications nombreuses figure *Ethik und Wissenschaft in Europa. Die gesellschaftliche, rechtliche und philosophische Debatte (Ethique et science en Europe. Le débat social, juridique et philosophique),* Alber, Fribourg, 2000.

Maxime Tardu

Maxime Tardu est docteur en droit et en sciences politiques de l'université de Paris. Il a fait carrière au Haut-Commissariat des Nations Unies pour les droits de l'homme, dont il a été le directeur de la recherche et des traités jusqu'à sa retraite en 1986. Il a notamment dirigé le programme d'études de l'ONU sur «Les droits de l'homme face au progrès scientifique» débouchant sur des normes internationales concernant les malades mentaux, les handicapés et le rôle des médecins dans la lutte contre la torture. Il a enseigné le droit international des droits de l'homme en diverses universités et a publié de nombreux articles et ouvrages dans ce domaine.

André Albert

André Albert a une double formation de philosophe et de juriste, puisque après avoir enseigné la philosophie il est devenu magistrat. Les fonctions qu'il occupe actuellement à l'administration centrale du ministère de la Justice à Paris l'ont conduit à se spécialiser dans le droit de la bioéthique et de la protection des données. Il a participé, dans le premier de ces deux secteurs, aux activités normatives du Conseil de l'Europe.

Introduction

par le Dr Anne McLaren

Pour ceux d'entre nous passionnés de jardinage, créer un clone constitue un geste banal, accompli lors du bouturage, du marcottage, de la division ou de toute autre forme de multiplication végétative. Alors pourquoi le Conseil de l'Europe publie-t-il un ouvrage sur le clonage et pourquoi m'a-t-on demandé à moi, une scientifique, qui a travaillé toute sa vie sur des souris de laboratoire et n'est au mieux qu'une modeste jardinière amateur, d'en rédiger l'introduction?

Cet ouvrage ne traite pas du clonage des végétaux, qui se pratique depuis des millénaires, ni du clonage des grenouilles et autres animaux inférieurs, que l'on sait réaliser depuis des décennies. Il porte sur le clonage des mammifères. Deux raisons à cela. Tout d'abord le clonage des mammifères est une technique relativement nouvelle et la voie de recherche dont il est principalement question ici, la plus sujette à controverses, a été ouverte il y a seulement cinq ans. La seconde raison, qui explique en grande partie la polémique, c'est que nous sommes nous-mêmes des mammifères.

Mitochondries: élément de la cellule, hors du noyau, contenant un petit génome et produisant de l'énergie.

Comment définit-on le clonage ?

Dans le contexte qui nous intéresse, cloner signifie créer des animaux ou des plantes génétiquement identiques ou, plus exactement, identiques pour ce qui est des quelque 50000 gènes présents dans le noyau de chaque cellule de l'organisme. Nous négligerons, pour les besoins présents, les trente-sept gènes extérieurs au noyau que contient chaque mitochondrie*, si important que soit leur rôle dans la production d'énergie.

L'une des méthodes disponibles pour produire des animaux génétiquement identiques est la *scission d'embryon,* qui consiste à diviser physiquement en deux ou plusieurs parties la grappe de cellules issue d'un ovule fécondé unique avant son implantation dans l'utérus. La scission d'embryon a été pratiquée de manière expérimentale en laboratoire et sur des

Monozygotes: issus d'un seul zygote.

animaux d'élevage. Dans l'espèce humaine, elle survient parfois spontanément, provoquant le développement de jumeaux monozygotes* (encore appelés jumeaux univitellins ou «vrais» jumeaux). Ce phénomène peut se produire non seulement avant, mais aussi pendant l'implantation, jusqu'au stade où la ligne primitive, premier signe de développement fœtal, se forme sur le disque embryonnaire. Une seule ligne primitive, un seul bébé: c'est le cas le plus courant. Plus rarement, il se forme deux lignes primitives ou plus, et l'on a alors des naissances multiples (on en observe quatre chez une espèce de tatou qui donne à chaque fois naissance à une portée de quadruplés). Parfois aussi, hélas, il n'y a ni ligne primitive ni grossesse, ou seulement une tumeur. L'apparition de la ligne primitive marque le début du développement de l'individu (littéralement «qu'on ne peut diviser»). Chez l'être humain, elle se produit environ deux semaines après la conception.

Vrais jumeaux – Personnalités identiques ?

Le présent ouvrage ne s'étend guère sur le clonage par scission d'embryon, mais s'intéresse surtout à la seconde méthode, plus controversée, à savoir le clonage par *transfert nucléaire*. Cependant, il y est souvent question des jumeaux monozygotes, qui servent d'argument pour défendre deux points de vue diamétralement opposés. Ceux qui veulent montrer combien nos gènes sont importants (et ils le sont en effet!) font observer que les jumeaux monozygotes se ressemblent généralement de façon frappante tant par leur aspect physique que par leur comportement ou d'autres caractéristiques (d'où le terme de «vrais» jumeaux), au point que seuls leurs proches parviennent à les distinguer. Ceux qui, au contraire, cherchent à mettre en évidence l'importance de notre environnement (à juste titre!), avant et après la naissance, attirent l'attention sur les couples de jumeaux monozygotes qui se ressemblent peu et ont souvent des personnalités très différentes. Autrement dit, génétiquement identique ne signifie pas identique: le clone d'un animal ou d'une personne ne serait donc pas la copie de cet animal ou de cette personne. On reviendra souvent sur cette idée dans les pages qui suivent.

Qu'est-ce que le clonage par transfert nucléaire ?

Le clonage par transfert nucléaire ne se produit jamais spontanément chez les mammifères. En laboratoire, on prend un ovule non fécondé de l'espèce voulue: son noyau contient un seul jeu de chromosomes, attendant d'être complété par celui d'un spermatozoïde lors de la fécondation. Ce noyau est retiré de l'ovule et remplacé par un noyau contenant un ensemble complet de chromosomes. On stimule ensuite par différentes techniques l'œuf reconstitué pour qu'il commence à se développer en embryon. La méthode donne de très bons résultats quand le noyau transféré est prélevé sur un embryon à un stade précoce de développement, car les gènes ont alors relativement peu de choses à désapprendre pour que le développement puisse repartir de zéro. Mais, une fois que les cellules se sont spécialisées pour former les différents tissus du corps, le problème devient beaucoup plus complexe. Le clonage par transfert de noyau de cellule somatique (TNCS), ou cellule du corps, aboutit généralement à un pourcentage infime de naissances d'animaux viables. Dolly, le premier mammifère cloné par transfert d'un noyau adulte, est le seul agneau à avoir survécu sur 277 ovules de brebis reconstitués. Les pertes interviennent le plus souvent pendant la gestation ou aux alentours de la naissance; on constate aussi l'apparition d'anomalies lorsque les animaux vieillissent.

Quelles sont les applications possibles du clonage ?

Malgré les faibles taux de réussite, le clonage par transfert nucléaire ouvre d'immenses perspectives d'application chez les animaux d'élevage, en particulier dans le champ des manipulations génétiques. Cette question est traitée de manière approfondie dans le chapitre rédigé par Keith Campbell.

Ce qui étonne les biologistes du développement, ce n'est pas que la méthode ait un faible taux de réussite, mais que ce taux ne soit pas nul. Au cours du développement embryonnaire, chaque lignée tissulaire est soumise à d'innombrables signaux moléculaires, désactivant des batteries entières de gènes et en activant d'autres, réduisant progressivement les options jusqu'à ce que la spécialisation du noyau de la cellule somatique adulte soit achevée. Le clonage par TNCS suppose qu'un tel noyau, plongé dans le cytoplasme d'un ovule non fécondé, voit son ardoise génétique effacée et reprogrammée pour entamer un tout nouveau développement embryonnaire. Comme le soulignent le professeur Gurdon et M. Byrne, nous ignorons pratiquement tout des mécanismes de cette reprogrammation au niveau génétique ou moléculaire – mais le fait que la méthode fonctionne confirme que le processus de spécialisation qui accompagne le développement n'entraîne pas de perte de matériel génétique. Des gènes peuvent être activés ou désactivés, mais ils ne sont pas détruits.

Le clonage de l'être humain – Quelques scénarios futuristes ?

C'est lorsque l'on en vient à l'éventuelle application du clonage par transfert nucléaire à notre propre espèce que le Conseil de l'Europe commence à s'intéresser de plus près à la question, tandis que la confusion et la méfiance du public deviennent manifestes. On touche ici à un domaine où l'imagination est reine, encore réduits que nous sommes à des conjectures qu'aucun fait concret ne vient étayer. On a en effet réussi à pratiquer le clonage par transfert de noyau de cellule somatique chez le mouton, le bœuf, la chèvre, le porc et la souris, mais pas encore chez le chien et le singe. Quant aux rares tentatives qui ont été faites chez l'être humain, elles n'ont pas paru très prometteuses.

Les enjeux éthiques du clonage

Néanmoins, les conséquences de cette technique, si elle était applicable à notre espèce, toucheraient des cordes si sensibles qu'il apparaît tout à fait légitime de se livrer à la spéculation. Le débat éthique tourne pour l'essentiel autour de la possibilité d'utiliser le clonage par transfert nucléaire pour produire un bébé humain ou, en d'autres termes, de pratiquer le clonage dit reproductif. On peut envisager de très nombreux scénarios, dont certains sont examinés dans la contribution du professeur Sureau. Le transfert de noyaux prélevés sur des embryons à un stade très précoce représente la méthode qui devrait avoir le plus de chances de succès; elle pourrait être utilisée pour améliorer le taux de réussite des fécondations *in vitro* (FIV) dans le cadre du traitement de la stérilité. En théorie, huit embryons pourraient être obtenus par transfert nucléaire à partir d'un embryon unique de huit cellules fécondé *in vitro.* Toute tentative pour cloner un individu existant, que ce soit un enfant mourant ou un parent bien-aimé, serait plus contestable d'un point de vue éthique. Certains spécialistes de la fécondité seraient prêts à utiliser le clonage par TNCS pour des patients stériles incapables de produire des gamètes. Les professeurs Schroten et Mieth examinent différentes facettes du débat éthique, dont Tudge donne une vision d'ensemble. M. Tardu, pour sa part, aborde la question sous l'angle juridique. M. Albert évoque la possibilité d'une convention internationale.

C'est peut-être dans le domaine de la médecine régénératrice que la confusion est la plus grande. La recherche sur les cellules souches est aujourd'hui porteuse d'immenses espoirs. Ces cellules, capables de se reproduire, mais aussi de donner naissance à des cellules plus spécialisées, jouent un rôle fondamental dans les mécanismes de réparation et de régénération du corps. Si l'on savait cultiver des lignées appropriées de cellules souches hors de l'organisme, celles-ci pourraient ensuite être greffées pour traiter un grand nombre de maladies dégénératives graves et incurables, telles que la maladie de Parkinson, les accidents vasculaires cérébraux, la sclérose en plaques, les cardiopathies ischémiques et certaines formes de diabète. Les cellules souches humaines et animales font actuellement l'objet de recherches intensives dans le but, d'une part, de stimuler leur multiplication en culture et, d'autre part, de provoquer leur différenciation en cellules du type requis (neurones, cellules du muscle cardiaque, etc.). Les cellules souches peuvent provenir d'adultes, de sang de cordon ombilical, de fœtus ou d'embryons. Des embryons à un stade précoce de développement prolifèrent le plus facilement en culture, et ont été abondamment étudiés chez la souris. Pour les études sur l'être humain, dans les pays où la recherche sur les embryons humains est autorisée, les cellules souches embryonnaires sont issues d'embryons surnuméraires donnés à la science par des couples qui ont pratiqué une FIV.

L'un des problèmes posés par l'utilisation de lignées de cellules souches dans des traitements cliniques est celui du rejet immunitaire. Les médicaments immunodépresseurs deviennent progressivement meilleur marché et plus efficaces, ont de moins en moins d'effets secondaires, mais restent un pis-aller. Plusieurs autres pistes sont actuellement explorées. Ainsi, on pourrait envisager de produire les cellules souches à partir de jeunes embryons obtenus en pratiquant un clonage par transfert de noyaux de cellules somatiques provenant du patient lui-même. Le risque de rejet serait ainsi supprimé, car les cellules souches seraient génétiquement identiques au patient. Le clonage visant à obtenir des cellules souches se distinguerait du clonage reproductif (destiné à obtenir une naissance) tant sur le plan pratique que du point de vue éthique, puisque l'embryon ne serait pas transféré dans un utérus. Ce clonage est parfois qualifié de «thérapeutique», bien qu'il n'intervienne pas directement dans le traitement. Pour ajouter à la confusion, les spécialistes de la fécondité qui souhaitent utiliser le clonage reproductif pour traiter les patients irrémédiablement stériles parlent eux aussi de «clonage thérapeutique». Le chapitre signé par Kahn expose quelques-uns des problèmes éthiques et autres que soulève le clonage visant à obtenir des cellules souches.

Bien que je me sois efforcée de dégager les idées directrices des différents chapitres qui composent ce volume, le lecteur s'apercevra que la plupart des auteurs évoquent presque tous les aspects du sujet. Il en résulte un certain nombre de redites, voire de contradictions, mais c'est peut-être le prix à payer pour avoir une image complète de ce domaine complexe. Notre ambition est d'apporter au lecteur des informations sur le clonage; tant mieux si nous l'aidons en outre à y voir un peu plus clair. Le but de cette publication, et celui de la série «Regard éthique» tout entière, est d'encourager les spécialistes ainsi que les non-spécialistes à prendre en compte différents points de vue et à participer à cette discussion. Le débat sur le clonage n'est pas réservé aux scientifiques: il a des implications déterminantes, pour diverses raisons, pour nous tous.

Qui a le droit de cloner qui?

par Colin Tudge

Les débats éthiques sur le clonage et autres technologies extravagantes ne semblent pas aller au cœur des choses et ont tendance à être trop pointilleux. De toute évidence, nous devons étudier les détails, les réalités physiques – il est certes important de savoir, par exemple, si une culture particulière de cellules adhère ou pas pour former un organisme autonome et, si c'est le cas, si cet organisme est sensible. Toutefois, les principes généraux qui devraient être à la base de l'éthique ont tendance à se perdre, des principes qui, à mon avis, sont apparus aux premiers jours de l'humanité, voire avant, et ont été affinés sur des milliers d'années, en particulier dans le contexte de la religion. Les débats «éthiques» actuels sont souvent incroyablement précis, logiques et légalistes; toutefois la moralité qui en ressort est tout simplement celle de l'utilitarisme (qui en bénéficie directement, qui en est incommodé?), voire du marché (si quelqu'un est prêt à payer, et quelqu'un d'autre à approvisionner, alors qui devrait les contredire?). Les principes les plus généraux sont souvent évoqués par des représentants de la religion, ce qui est tout à fait justifié, si ce n'est que le principal souci de ces représentants porte souvent sur les nuances de leur propre théologie, ce qui embarrasse tout simplement les autres. Ce genre de débat nous apprend qu'un disciple de l'islam ne doit pas autoriser telle et telle chose, tandis qu'un chrétien protestant peut l'autoriser: tout cela est très intéressant d'un point de vue sociologique, mais n'est pas très utile pour l'humanité dans son ensemble. Dans ce chapitre, je souhaite étudier les «eaux» simples mais profondes, les principes éthiques les plus généraux, qui se situent sous les courants de surface – et qui en fait sont communs à toutes les religions; je souhaite également étudier la façon dont ces principes s'appliquent au clonage humain et aux biotechnologies associées.

Les nouvelles biotechnologies et la transformation de l'humanité

Le potentiel des nouvelles biotechnologies pour modifier notre mode de vie et, de fait, notre façon d'être – notre ego physique voire mental – ne peut guère être exagéré, du moins si nous

Génie génétique: ensemble des concepts, méthodes et techniques permettant de modifier le patrimoine héréditaire d'une cellule par la manipulation de gènes et/ou leur transfert. Cette action permet de modifier, supprimer ou introduire certains caractères dans une cellule.

Clonage par transfert de noyau: le noyau d'une cellule de l'animal que l'on désire cloner est transféré dans un œuf fécondé dont le propre noyau a été éliminé. La cellule résultante est ensuite cultivée pour former un embryon qui sera implanté dans l'utérus féminin.

Fibroblaste fœtal: cellules de tissu conjonctif fibreux, obtenues à partir d'un embryon humain après environ sept semaines de développement.

Culture de cellules: les cellules en culture se multiplient dans un récipient contenant un milieu nutritif, en laboratoire.

1. Magazine *Nature*: http://www.nature.com

2. Site Internet du Roslin Institute: http://www.roslin.ac.uk

considérons raisonnablement le temps imparti. Les scientifiques et les médecins ont tendance à exagérer la vitesse du progrès, en affirmant le plus souvent qu'ils peuvent «résoudre» un problème dans les trois ans, ou au mieux une décennie: en d'autres termes, dans le délai imparti par quiconque leur fournit les subventions. En réalité, l'univers est compliqué et la vie est ce qu'il y a de plus complexe, et il faut des décennies voire des siècles pour que des biotechnologies sérieuses se développent. Le génie génétique* est apparu au début des années 1970 et n'en est qu'à ses balbutiements. La technique de la vaccination existe depuis 200 ans et pose encore de sérieux problèmes, à la fois pratiques et théoriques, en médecine humaine et vétérinaire. La science et la technologie du clonage n'en sont qu'à leurs débuts: il est sans conteste grotesque d'évoquer le clonage humain en s'appuyant sur quelques succès avec des animaux de laboratoires et d'élevage (et de nombreux échecs, qui souvent seraient terribles dans un contexte humain). Toutefois, cette technologie ainsi que d'autres existeront encore dans 50, 100 ou 500 ans, et – du moins techniquement – cela ne semblera pas si ridicule.

En effet, la leçon générale que l'on tire de ces dernières décennies est qu'il ne faut en aucun cas se précipiter. Au milieu des années 1980, un embryologiste très réputé affirmait dans le magazine *Nature* que le clonage des mammifères par «simple transfert de noyau*» était «biologiquement impossible[1]». Mais à peine dix ans plus tard, en 1995, Ian Wilmut et Keith Campbell du Roslin Institute près d'Edimbourg[2] ont créé Megan et Morag, des agnelles jumelles clonées par transfert de noyaux à partir de fibroblaste fœtal* mises en cultures*; puis Dolly est née en juillet 1996, clonée à partir de cellules de glandes mammaires prélevées sur une brebis adulte et mises en cultures. Et pourtant, lorsque j'étais à l'université dans les années 1960, il était considéré comme un fait incontestable que les gènes ne pouvaient pas être transférés entre des organismes qui n'étaient pas de la même espèce, ou d'une espèce très proche, car l'unique moyen d'échanger des gènes était la sexualité. Toutefois, les premières incursions dans la technologie de l'ADN recombinant – le «génie génétique» – n'ont eu lieu que quelques années plus tard, au début des années 1970. En principe, les gènes peuvent désormais être transférés entre deux ou plusieurs organismes, quels qu'ils soient – humain dans bactérie, champignon dans humain, chou dans babouin. Nous sommes tous devenus des membres des pools génétiques des autres. Plus généralement, l'expression «biologiquement impossible» doit désormais être considérée comme obsolète. Bien entendu, certaines véritables impossibilités biologiques peuvent survenir à l'avenir, mais il serait présomptueux d'affirmer a priori que ce sera le cas. Aujourd'hui, la seule chose que nous puissions affirmer avec certitude est que tout acte qui ne transgresse pas ce que Sir Peter Medawar a appelé «les lois fondamentales de la physique» doit être considéré comme faisable, pas nécessairement aujourd'hui ou dans les semaines à venir, mais avec le temps: dans des décennies ou des siècles. Aucune barrière biologique, à l'exception de celles de la physique, ne peut réfréner les rêves les plus extravagants: rien, à l'exception de notre perception de ce qui est convenable. Les lois seules ne suffiront pas. Les lois n'ont aucun effet si les individus ne croient pas aux principes sur lesquelles elles reposent. Ce qui importe, ce sont la moralité et l'esthétique, nos propres instincts.

Le clonage en soi offre deux possibilités: cloner des individus entiers ou développer diverses formes de techniques de «cellule souche». La première de ces possibilités a été évoquée dans deux contextes: pour créer des répliques génétiques des individus aimés (bétail, animaux de compagnie, espèces menacées d'extinction, personnes aimées disparues, êtres humains exemplaires) et pour aider les couples sans enfants. Le clonage pour créer des répliques génétiques semble douteux dans la plupart des contextes, mais a un énorme potentiel pour la conservation. Pour les humains, l'intérêt porte principalement sur l'aide aux couples sans enfants, mais ces débats risquent simplement de ne pas aboutir. Lorsqu'il sera raisonnable de proposer le clonage comme un service clinique sérieux aux couples sans enfants (dans environ un demi-siècle), la technologie devrait déjà être obsolète. D'ici là, il serait probablement possible de transformer des cellules somatiques («du corps») ordinaires en gamètes* et de permettre aux couples d'unir leurs gènes par la fécondation *in vitro.*

Gamète:
spermatozoïde ou ovule

La seconde possibilité importante – la technique des cellules souches – a certainement le potentiel de transformer des branches entières de la médecine. Les organes du corps, pour la plupart, contiennent des groupes de «cellules souches», qui constituent une sorte de chaîne de montage *in situ*. Cela signifie qu'elles sont capables de se diviser pour donner naissance à d'autres cellules identiques – mais également de donner naissance à beaucoup de cellules différentes du tissu dont elles font partie, voire à toutes. Les cellules souches les plus connues en médecine clinique sont celles du tissu érythropoïétique, qui se situent dans la moelle osseuse et se divisent pour produire tous les globules – les globules rouges et les nombreuses formes de globules blancs – dans le sang. Toutefois, le foie, le pancréas et bien d'autres encore disposent également de leurs propres cellules souches spécifiques. Il devient possible de mettre en culture différentes «lignes» de cellules souches en laboratoire, par exemple pour remplacer les cellules nerveuses défaillantes dans les pathologies telles que la maladie de Parkinson. Il devrait même être possible de fournir des cellules bêta au pancréas – celles qui font défaut en cas de diabète. En principe, toute maladie résultant d'une défaillance de tissus particuliers – ce qui fait une très longue liste – pourrait bénéficier de ce type de technologie. Actuellement, cette technologie fait l'objet de controverses car elle implique généralement des cellules d'embryons, bien qu'il s'agisse d'embryons très jeunes qui sont certainement loin d'être sensibles. Toutefois, avec le temps, il sera certainement possible de mettre en culture pratiquement toutes sortes de cellules et de les reprogrammer *in vitro*. Dans un demi-siècle au plus, il sera probablement possible de réparer un foie lésé, par exemple en reprogrammant les cellules souches cultivées à partir de la peau. De tels procédés semblent sans danger d'un point de vue éthique et constituent tout simplement une médecine efficace, voire très ingénieuse. Cependant, les scientifiques n'atteindront pas une telle ingéniosité s'ils ne travaillent pas dès à présent sur des cellules dérivées d'embryons, dans lesquelles les problèmes de reprogrammation sont naturellement plus aisés. Toutefois, l'idée générale est que certains procédés associés à une question d'éthique semblent être limités dans le temps. Avec le perfectionnement de la technologie, les aspects éthiques peuvent simplement devenir obsolètes. Les techniques des cellules souches et du clonage ne sont pas identiques, mais elles se confondent partiellement et se répercutent l'une sur l'autre, et par conséquent doivent être étudiées dans le même contexte.

Cependant, le clonage en soi – et son potentiel de changement – devient très intéressant lorsqu'il est associé au génie génétique. Grâce au progrès du génie génétique, les gènes peuvent être transférés directement de n'importe quel organisme dans un autre – le gène transféré peut même être synthétisé dans le laboratoire: une création artificielle sur mesure sans précédent dans la nature. Le destinataire du gène «étranger» est dit «modifié». Dans cette période initiale, les spécialistes du génie génétique cherchent simplement à transférer des gènes uniques: ainsi, le maïs, par exemple, troisième produit de base au monde après le blé et le riz, a reçu des gènes pour lui conférer une résistance aux insectes. Toutefois, au fil des siècles, les spécialistes du génie génétique seront certainement capables de créer des organismes entiers ayant des caractéristiques spécifiques, avec la même précision que celle dont Ferrari fait preuve lors de la construction de voitures. Il s'agira d'organismes «de synthèse». Certains rêvent déjà au «bébé de synthèse». Les rêves sont généralement communs: des personnes très grandes pour le basket-ball, des QI très élevés pour créer les meilleurs juristes de la ville; l'objectif est toujours de créer un modèle capable de surpasser ses compatriotes et de devenir riche. «Quel chef-d'œuvre que l'homme», disait Hamlet. Plus tard, il avait des raisons de se lamenter «qu'on en soit venu là».

Toutefois, le génie génétique chez les animaux est difficile. Au moins, il est facile d'introduire de nouveaux gènes – des morceaux d'ADN – dans les cellules, car les cellules des animaux, contrairement à celles des végétaux, n'ont pas de paroi épaisse. Toutefois, traditionnellement (bien que la technique soit nouvelle on peut encore parler de «traditions»), un animal pourrait être modifié uniquement en introduisant de l'ADN dans un très jeune embryon, de préférence au stade d'une ou deux cellules. Ces embryons ne sont pas faciles à obtenir (du moins, leur production est laborieuse) et, étant donné que le résultat d'un ajout d'ADN est imprévisible, la modification est une entreprise hasardeuse qui exige un temps considérable. C'est là

Protéomique: étude de l'ensemble des protéines exprimées par le génome.

qu'intervient la technique du clonage et c'est ce qui explique qu'elle est encore plus importante qu'il n'y paraît, car l'ADN peut désormais être ajouté à des cellules en cultures dans une boîte – par milliers ou millions. Il est possible de voir quelles cellules ont intégré l'ADN requis dans leur propre génome; et, par transfert de noyau, la technique qui a donné naissance à Dolly, un animal entier peut alors être créé à partir d'une cellule spécifique qui a été modifiée avec succès. C'est grâce à ces méthodes que la compagnie biotechnologique PPL, qui a collaboré avec Roslin, a créé Polly en 1997: une brebis créée de la même façon que Megan et Morag, mais à partir de cellules qui avaient été modifiées (en outre, Polly produit une protéine humaine de coagulation du sang dans son lait, afin de traiter l'hémophilie). Ainsi, grâce au clonage, le génie génétique chez les animaux est parvenu à maturité.

Dans la pratique, les spécialistes du génie génétique ont également été retardés car ils connaissaient rarement les morceaux d'ADN qui valaient vraiment la peine d'être transférés, autrement dit quels morceaux d'ADN correspondaient à quels gènes. Cette information est désormais fournie par la génomique, dont le projet de génome humain est l'exemple le plus spectaculaire, mais en aucun cas le seul[1]. Dans quelques décennies, les scientifiques auront répertorié tous les gènes chez de nombreuses espèces importantes, d'un point de vue commercial et médical, et, ainsi, grâce au développement des techniques de transfert, la modification des animaux pourrait presque devenir banale (comme c'est de plus en plus le cas pour certaines plantes cultivées à des fins commerciales). Une fois ce procédé banalisé, certains demanderont certainement pourquoi pas chez les humains, et alors nous pourrions entrer dans l'ère du bébé de synthèse.

Une dernière biotechnologie se développe rapidement et peut être considérée comme la cerise sur le gâteau: celle de la protéomique*. Les gènes agissent en produisant des protéines, dont un grand nombre sont des enzymes, et ces enzymes actionnent le métabolisme du corps. Sommairement du moins, on peut considérer que les gènes sont les administrateurs, et les protéines les exécutants. La protéomique vise à découvrir à partir des premiers principes chimiques pourquoi et comment

1. Voir *Regard éthique – le génome humain*, Editions du Conseil de l'Europe, Strasbourg, 2001, http://book.coe.int

certaines protéines (dont les enzymes) fonctionnent de la sorte. Ces investigations permettront aux biologistes de toutes sortes (dont les pharmacologues) de créer des protéines particulières pour des tâches spécifiques et, à partir de là, de créer les brins d'ADN spécifiques qui produiront ces protéines. La protéomique existe déjà, mais, là encore, il faudra des décennies avant de parvenir à une quelconque réalisation. La protéomique ne disparaîtra pas, elle fait partie de notre avenir.

Ainsi, le clonage est une technologie à hautes performances, même lorsqu'il est étudié isolément, mais qui révèle véritablement toutes ses potentialités lorsqu'il est associé à trois autres technologies: le génie génétique, la génomique et la protéomique. Ce quatuor nous offre, à nous ou à nos descendants, le pouvoir non seulement de transformer tous les organismes vivants, mais de les re-concevoir en partant de zéro, ou toute créature que nous pourrions prendre la peine d'imaginer et qui vraisemblablement ne transgresse pas les lois de la physique.

Les problèmes éthiques même pour la modification de créatures insensibles comme les végétaux ne sont pas anodins. Chez les animaux, dotés d'un cerveau et d'une sensibilité, ils sont considérables. Chez les êtres humains, ils dépassent le cadre de tout ce que l'humanité n'ait jamais eu à imaginer. Pour élaborer des codes d'éthique qui se rapprochent de ce qui est en jeu, nous devons aller au-delà de la légalité. Nous devons revenir aux principes les plus fondamentaux.

Pour appréhender le problème, nous pourrions considérer la question que Lénine considérait comme la plus fondamentale dans toutes les politiques: «Qui, à qui?». Qui, dans ce monde surpeuplé, a le droit de faire quelque chose qui touche les autres personnes? Les nouvelles technologies soulèvent ce problème sous une forme particulièrement intense: premièrement parce qu'elles ont un potentiel énorme et peuvent affecter chacun d'entre nous de différentes façons, et de ce fait toucher profondément certaines familles, et deuxièmement parce que ces technologies sont connues et peuvent être mises en œuvre uniquement par une minorité, une élite d'experts. Dans quelle mesure ceux d'entre nous qui ne sommes pas spécialisés devrions-nous confier notre vie à une petite minorité spécialisée? Dans quelle mesure, et dans quelles circonstances, ces experts doivent-ils proposer et utiliser leurs compétences? La question, finalement, est celle du mandat.

Le pouvoir de l'expert : une question de mandat

La question essentielle du «mandat» est illustrée sous sa forme la plus simple non pas dans le contexte de la médecine mais dans celui de l'agriculture – par les cultures génétiquement modifiées (ou OGM, dans lequel O signifie «organisme») qui ont provoqué une telle fureur, notamment en Grande-Bretagne. Le mandat est aussi une question essentielle en médecine, mais la médecine soulève également beaucoup d'autres questions sur le bien-être, le bonheur et par conséquent «l'âme», qui, nous supposons, ne s'appliquent pas au maïs et à l'orge, ce qui rend les eaux de l'éthique encore plus troubles.

La population britannique s'est opposée aux OGM – en fait, elle a saboté des champs d'essai – pour diverses raisons, dont certaines étaient vraiment confuses, mais d'autres pas du tout. L'idée générale, qui s'applique à tous les contextes, est que l'humanité a tendance à être entraînée par la technologie: nous adaptons notre vie à tout ce qui survient, de même que les autres créatures. Il est nécessaire d'inverser la situation dans la façon dont nous contrôlons la technologie: nous devrions en premier lieu décider du type de vie que nous souhaitons mener et du monde dans lequel nous voulons vivre, et seulement après orienter la technologie vers ces objectifs. Dans le cas des OGM, de nombreuses personnes (dont moi) pensent qu'il y a beaucoup à redire à l'agriculture industrialisée qui est désormais appelée «traditionnelle», et qu'il est temps de changer d'orientation. Les OGM proposés dans les champs britanniques n'étaient pas destinés à résoudre les problèmes de disponibilités alimentaires, d'environnement ou encore de qualité de vie (même s'ils étaient présentés dans cet esprit), mais à renforcer la position de certains secteurs agro-industriels, comme ceux qui ont créé les méthodes industrialisées actuelles. En résumé, certaines personnes, dont je fais partie, pensent que le génie génétique a beaucoup à offrir à l'amélioration des cultures, et probablement dans les pays pauvres: contrairement à la croyance en vogue, les technologies les plus sophistiquées ont parfois le plus à offrir aux peuples les plus démunis. Mais le contexte est primordial. L'objectif devrait être défini et approuvé en premier lieu, et seulement après la technologie devrait être mise en œuvre.

Dans la pratique, les débats sur les OGM ont eu tendance, comme toujours, à porter principalement sur les détails, plutôt que sur les principes: savoir si les cultures spécifiques sont sans danger, d'un point de vue nutritionnel et environnemental. En résumé, inévitablement, ce qui aurait dû être un débat éthique s'est simplement transformé en une analyse des risques par rapport aux avantages. L'analyse des risques par rapport aux avantages est certainement pertinente, comme je l'évoquerai plus tard. Mais cela ne clôt pas le sujet. La question fondamentale est la suivante: pourquoi les experts scientifiques qui ont créé les OGM et les politiciens qui ont autorisé la poursuite des essais (et clairement soutenu la technologie et l'approche industrialisée sous-jacente) estiment-ils avoir le droit de prendre n'importe quel risque? Les experts, scientifiques et politiques, n'ont tout simplement pas de mandat pour agir de la sorte. Si les essais se révélaient être négatifs, l'ensemble de la population souffrirait, soit d'un point de vue nutritionnel, soit par la perte de quelques créatures sauvages. Si l'ensemble de la population (appelé de façon péremptoire dans ce type de débat «le public») avait explicitement demandé aux sociétés de biotechnologie de développer ces cultures, ces sociétés seraient parfaitement en droit de continuer. Si les sociétés avaient d'abord informé l'ensemble de la population de ce qu'elles souhaitaient faire, et pourquoi, et demandé son autorisation, elles auraient pu poursuivre leur action après avoir obtenu l'accord. Toutefois, ces compagnies, de même que les politiciens, n'ont pas reçu de mandat, et n'en ont pas demandé. Ils sont simplement partis du principe qu'ils avaient le droit de prendre les choses en main. Au minimum, il s'agit de mauvaises manières, et si les choses allaient vraiment mal, cela pourrait être considéré comme criminel.

En fait, les sociétés de biotechnologie affirment qu'elles ont obtenu le mandat nécessaire. Après tout, personne ne soulève d'objection si elles produisent de nouvelles cultures par le croisement et la sélection traditionnels. Et pourtant, les nouvelles cultures «conçues par le génie génétique» ne sont pas moins «artificielles» (affirment-elles) que celles obtenues par la production traditionnelle. Le génie génétique, en résumé, n'est qu'une extension technique de l'ancienne pratique. Par conséquent, le mandat relatif à la culture s'applique au génie génétique. Mais ce n'est pas le cas. La production traditionnelle, à quelques modifications près, est limitée par les barrières biologiques: il est possible d'obtenir de nouveaux gènes uniquement au sein d'une espèce, ou d'espèces très proches. Les spécialistes du génie génétique en principe n'ont pas besoin de reconnaître de barrière, à part celles des lois de la physique. Il existe une nette différence qualitative. Au moins, toute personne incapable de voir cette différence ne devrait pas être prise au sérieux dans le débat éthique. Certains affirment qu'il existe des techniques intermédiaires, comme celles du transfert de chromosomes dans le blé (qui date des années 1960) ou de la mutation induite. Mais la transition qualitative n'implique pas l'absence d'intermédiaires. Il existe une chaîne continue d'intermédiaires entre nous et les poissons du dévonien qui étaient nos ancêtres, mais cela ne signifie pas qu'il n'existe aucune différence qualitative intéressante entre nous et eux. Le génie génétique est une toute autre histoire, et il nécessitait un nouveau mandat. Les sociétés de biotechnologie n'ont pas cherché à obtenir ce mandat et méritent d'être vivement critiquées. Les politiciens élus qui pensaient qu'il leur suffisait de soutenir ces sociétés et de se moquer de leurs électeurs ont perdu de vue ce que la démocratie devrait impliquer.

Le même principe de mandat s'applique de toute évidence à la médecine, mais avec beaucoup d'autres connotations. Le paradigme est la relation entre le patient et son médecin. Le patient doit être responsable, il doit décider qu'il ne se sent pas bien et qu'il veut être soigné. C'est alors qu'il s'adresse au médecin. Les médecins peuvent inciter l'ensemble de la population à demander conseil – la médecine préventive a du bon, bien entendu – mais ils n'ont pas pour mission d'imposer leur volonté aux patients. Le médecin ne dit pas au patient «vous devez faire contrôler le cuivre dans votre sang et, si le taux est élevé ou faible, il doit être corrigé». De façon générale, le médecin agit uniquement lorsqu'il est sollicité, et quand c'est le cas, il demande généralement au patient ce qui ne va pas et ce dernier lui expose son problème. Le médecin propose alors d'intervenir s'il estime que le problème entre dans ses compétences; il n'offre aucune garantie, mais promet de faire de son mieux, tout en informant le patient des risques connus et en le prévenant que d'autres peuvent survenir, qui ne sont pas encore connus. Ce n'est qu'à ce moment là que le patient et le médecin passent un contrat, afin de traiter les maux du patient. Le médecin est assermenté pour faire ce qui entre dans ses compétences, tandis que le patient, qui l'a sollicité, reste responsable en dernier ressort de ce qui pourrait aller mal. La relation et les principes sous-jacents sont anciens, et ont été récapitulés par Hippocrate. C'est, finalement, une question de mandat.

Cela est toutefois très différent du type de scénarios désormais envisagés dans le contexte des bébés clonés ou de synthèse, voire de certaines formes de thérapie génique. Un bébé, voire un embryon, ne peut de toute évidence passer de contrat. Les décisions doivent être prises en son nom, mais qui en a le droit? Les parents ou les parents présumés probablement, mais jusqu'où peuvent-ils intervenir? Dans la tradition occidentale de la médecine, les patients demandent de l'aide uniquement lorsqu'ils ressentent des troubles dans leur propre corps. Dans la médecine occidentale, il existe une distinction entre la correction de la pathologie et l'amélioration de ce qui est déjà correcte. La première est physique, la seconde est tonique. Les organisateurs des compétitions d'athlétisme font la distinction: l'insuline pour corriger le diabète est acceptable (de grands athlètes olympiques sont diabétiques), mais les stéroïdes pour augmenter la masse musculaire ne le sont pas. Par quel précédent peut-on raisonnablement admettre le bébé de synthèse, l'éventuel joueur de basket-ball ou le supercerveau dans le débat? Si nous prenons comme paradigme la relation établie médecin-patient, il n'y a aucune chance de succès.

Nous pouvons admettre, pour des raisons d'ordre humanitaire sensé, qu'un médecin soigne une anomalie génétique chez un bébé qui est trop jeune pour prendre des décisions, si l'anomalie est traitable, et si on sait que l'absence de traitement

Phénylcétonurie: liée à un déficit d'une enzyme d'origine hépatique. Le développement du cerveau va être pertubé et une débilité profonde s'installera dès les premières semaines, sauf si le diagnostic est réalisé à la naissance par le dépistage systématique. Un régime particulier suivi 7 à 10 ans empêche les lésions de se développer et l'intelligence reste intacte.

Fibrose kystique: maladie héréditaire qui se manifeste essentiellement par un épaississement des sécrétions du pancréas et des bronches.

entraînera une pathologie. Parfois le traitement du «trouble génétique» n'est pas génétique: la phénylcétonurie* se traite par des moyens alimentaires. Même si une intervention génétique directe était en jeu malgré tout (comme cela pourrait être le cas à l'avenir pour la fibrose kystique*), l'humanitarisme sensé donnerait encore le feu vert. Dans ce cas, les adultes responsables assument très raisonnablement le rôle de l'avocat au nom du bébé qui n'est pas encore formé, dans ce qui demeure un contrat traditionnel entre patient et médecin. La distinction entre ce cas de figure et le bébé de synthèse est là encore trop évidente pour s'y attarder.

Le contrat médecin-patient comporte quelques réserves. Il n'est pas valable lorsqu'un tiers est directement et sérieusement impliqué. Dans ce cas, ce tiers a un droit de regard. Les sociétés traditionnelles ont émis des réserves en ce qui concerne les individus porteurs de la peste, la variole ou la lèpre, et le principe s'applique certainement aujourd'hui aux infections transmissibles. De même, des propositions pour traiter la fibrose kystique en appliquant un ADN correcteur par aérosol soulèvent des questions éthiques car, en principe, les personnes qui passent à proximité peuvent également être atteintes par l'aérosol chargé de gènes. Les risques sont faibles, mais là encore ce n'est pas la question. Les passants ne doivent en aucun cas être exposés au risque – à moins qu'ils ne donnent expressément leur autorisation: à moins qu'ils ne délivrent un mandat. Là encore, certains groupes religieux affirment qu'il existe certaines faveurs que le patient n'a pas le droit de demander, même en son nom. L'euthanasie par exemple demeure un problème épineux. Beaucoup froncent les sourcils à l'évocation du suicide, voire de toute forme d'automutilation, en particulier parce qu'ils pensent, comme le disait D. H. Lawrence dans un autre contexte, que «notre corps ne nous appartient pas».

En général, le contrat médecin-patient nous mène très loin: il montre pourquoi certaines possibilités biotechniques sont acceptables, et pourquoi d'autres ne le sont pas. En général, la relation entre le médecin et le patient, comme celle entre les OGM et le consommateur, est une relation liée par un mandat. Aucun expert, aucun politicien – personne en fait – n'a le droit de prendre quelque risque que ce soit en notre nom à moins qu'il n'y soit expressément invité. Agir de la sorte revient à bafouer le principe de gouvernance formulé par Thomas Hobbes au XVIIe siècle. Il affirmait que le monarque (mais nous pouvons appliquer ce principe à tout ce qui vise à influencer notre vie) n'a aucun droit, à moins qu'un contrat spécifique soit passé, à moins qu'il n'ait un mandat.

Toutefois, ce principe est constamment bafoué. Les experts et les politiciens non seulement prennent des risques sans mandat ni sollicitation, mais également, ajoutant l'insulte au préjudice, affirment que ceux qui protestent le font par ignorance, superstition ou envie d'attirer l'attention du public. Selon ces experts, si nous («le public») étions capables de nous rendre compte des éventuels bienfaits, nous verrions alors que les risques sont négligeables. Ainsi, ils s'arrangent pour réduire le débat à une analyse du risque par rapport aux avantages, et de ce fait passent à côté de l'essentiel. Toutefois, même les arguments sur les risques et les avantages, de la façon dont ils sont généralement présentés, sont profondément imparfaits.

Les dangers, les risques et les limites des connaissances humaines

Il est facile pour les experts de négliger les craintes des autres. Pourquoi un gène spécifique introduit par un spécialiste du génie génétique se répéterait-il plus facilement dans les plantes sauvages que pour n'importe lequel des dizaines de milliers de gènes que la plante cultivée contient déjà? De façon réaliste, quel dégât peut provoquer un tel gène? La plupart des écosystèmes dans le monde sont déjà envahis par des organismes entiers introduits comme des «produits exotiques» provenant de lieux étrangers, du séneçon à Hawaï aux ajoncs en Nouvelle-Zélande, en passant par les rhododendrons dans les zones boisées galloises. Quelle différence pourrait faire quelques gènes en plus? Ou alors, dans le contexte médical, pourquoi ne pas cloner un bébé, ou ajouter quelques gènes utiles çà et là – si ce n'est pour faire un joueur de basket-ball, au moins peut-être pour protéger les individus contre le sida?

Effectivement, il serait probablement plus efficace de lutter contre le sida au niveau de l'ADN. Cette solution devrait certainement être étudiée, et cela serait considéré comme un péché par omission de ne pas le faire. Toutefois, l'argument général n'est pas valable. Nous ne pouvons pas simplement écarter les objections, comme si toute protestation était hystérique. Notamment, il est très clair que toutes les formes de technologies, même les plus testées, ne donnent pas toujours les résultats escomptés. Pour construire des ponts et des immeubles de bureaux, les spécialistes du génie civil utilisent beaucoup plus d'expérience et de données que ne sont capables d'utiliser les spécialistes du génie génétique pour leurs nouvelles plantes cultivées, voire pour les bébés. En fait, le «génie» génétique est une mauvaise métaphore. Cela relève davantage du jardinage génétique: éclairez le papier nitraté bleu et laissez agir (comme je l'écris dans mon livre en 1993, *The Engineer in the garden*). Toutefois, aussi précis que puissent être les spécialistes du génie civil, aussi éprouvées que puissent être les lois fondamentales de la physique (qui viennent pour la plupart directement d'Archimède et de Newton après tout!), de temps en temps (étonnamment souvent, en fait!) leurs ponts s'écroulent ou du moins bougent dangereusement, comme la nouvelle passerelle sur la Tamise près de Saint-Paul, et leurs bâtiments s'effondrent (ou perdent leurs baies vitrées comme des flocons de neige, comme le cas célèbre à Boston, Massachusetts, dans les années 1970). Les raisons sont claires: il est théoriquement impossible de prévoir toutes les situations critiques que le pont ou l'immeuble peuvent rencontrer. Une nouvelle association de facteurs peut survenir, à laquelle les ingénieurs n'ont tout simplement pas pensé – et ne pouvaient pas penser.

Il existe également un aspect plus profond que cela. La haute technologie, par définition (ou du moins selon la définition que j'aime à diffuser), est un type de technologie qui se fonde sur la science et en dépend. Les moulins à vent médiévaux, aussi merveilleux soient-ils, ne sont pas de la haute technologie car ils étaient construits sans connaissances théoriques de l'aérodynamique. En revanche, les avions modernes sont de la haute technologie, car ils sont construits avec ces connaissances.

Le fait qu'une technologie de pointe fonctionne comme prévu dans une certaine mesure justifie l'élaboration des théories scientifiques qui lui ont donné naissance. Mais pas entièrement. Ainsi, Wilmut et Campbell ont créé Dolly en s'appuyant sur des concepts relatifs à la possibilité de reprogrammer les génomes des cellules qui s'étaient différenciées en culture. Dolly a été un succès – par conséquent, cela justifie-t-il la théorie sous-jacente? Comme le professeur Campbell est le premier à l'affirmer – seulement jusqu'à un certain point, le clonage de Dolly a probablement été un succès pour les raisons qu'il avait prévues. En revanche, comme il le souligne, d'autres scientifiques dans d'autres laboratoires ont pratiqué des formes plus simples de clonages dans les années 1980 et, dans une certaine mesure (comme on peut le voir a posteriori), la théorie sur laquelle ils ont fondé leur technique était incontestablement imparfaite. Ce qu'ils avaient prévu n'a pas eu lieu, et ce qui est arrivé, ils ne l'avaient pas à l'époque suspecté. En résumé, il est incontestable que le succès d'une technologie de pointe particulière ne justifie pas, et ne peut pas justifier, la science sous-jacente. Par conséquent, si vous testez une toute nouvelle technique sur la base d'une nouvelle science, cela peut aller dans des directions auxquelles vous n'aviez tout simplement pas rêvé. Cela reste une éventualité théorique.

Il existe toutefois des difficultés pires que cela. Les scientifiques de tout temps ont tendance à avoir l'illusion de comprendre le monde – du moins en principe: il suffit de mettre quelques points sur les i et nous saurons tout ce qui est vraiment utile de savoir. Ces affirmations sont courantes dans le passé, et se sont toujours révélées être ridicules. Il ne s'agit pas de nous moquer de nos ancêtres trop sûrs d'eux, mais de tirer une leçon générale: à tout moment, il y aura toujours des zones d'ignorance et – pour aller plus loin – il est théoriquement impossible, logiquement impossible, d'évaluer l'étendue de cette ignorance. Il se peut que la science moderne éclaire effectivement l'ensemble de l'Univers, à quelques ombres près. Ou il se peut que la science à ce jour ait simplement illuminé quelques voies sinueuses à travers l'obscurité. En regardant à partir de la zone mise en lumière, il est impossible de voir la différence.

Ces problèmes sont suffisamment préoccupants lorsqu'ils s'appliquent dans le contexte des OGM. Ils deviennent véritablement horrifiants lorsqu'ils s'appliquent au bébé de synthèse. Nous pourrions comparer chaque gène à un mot, qui a une signification particulière, et ainsi, grâce au projet de génome humain, nous disposerions d'un dictionnaire complet. Toutefois, si les gènes sont des mots, alors le génome dans son ensemble est une langue, et la langue est plus qu'une succession de mots. Elle dispose d'une syntaxe, d'un esprit, de jeux de mots, de références, d'expressions familières, de redondances, d'allusions au passé. Une langue fonctionne comme un ensemble. La langue du génome humain est au moins aussi ésotérique – certainement plus, par ordre de magnitude – que le chinois médiéval ou le linéaire B par exemple. Entreprendriez-vous de rédiger un poème épique en chinois médiéval si tout ce dont vous disposiez était un simple dictionnaire? Bien sûr que non. D'ailleurs, aucun individu un tant soit peu sain ne s'y risquerait. Et pourtant, c'est ce que cela impliquerait si nous prenions au sens littéral la notion de «bébé de synthèse». Les possibilités d'erreur sont de toute évidence prodigieuses, et la plus infime des anomalies pourrait créer un monstre. Toutefois, comme peut nous le montrer une simple passerelle, il est théoriquement impossible d'anticiper tous les dangers possibles, car nous ne pouvons pas dire vraiment ce qu'est la Nature jusqu'à ce que nous l'observions. Avec le bébé de synthèse, nous sommes perdants dans les deux sens. Si les technologies donnaient au moins d'aussi bons résultats que ce qui est prévu pour toutes les technologies, il y aurait plus d'un désastre hideux, et dans une large mesure imprévisible, à un moment ou un autre. En effet, la manipulation génétique des bébés sera toujours hasardeuse – comme le sont toutes les technologies: ce qui explique bien entendu pourquoi Ferrari, malgré toute son expérience, sa compétence et sa précision, doit encore employer des conducteurs pour effectuer des essais de route. Et nous ne pouvons pas abandonner les bébés défaillants de la même façon que la mécanique envoie à la casse les voitures défaillantes. En revanche, si la technologie réussit au-delà de toutes attentes raisonnables et de tout précédent, alors nos descendants pourraient, en principe, mettre un terme à l'existence de l'actuel *Homo sapiens,* rudimentaire mais purement et simplement merveilleux. Si une espèce est exterminée par quelque désastre écologique, ou évolue en quelque chose d'autre – ou dans ce cas se transforme elle-même en quelque chose d'autre – elle disparaît et l'extinction est définitive.

En somme, nous savons que nous disposons d'un ensemble de théories génétiques, qui semble merveilleux, et l'est incontestablement. En s'appuyant sur cela, les techniciens de la biotechnologie font déjà pousser des OGM dans les champs, et les commercialisent, tandis que d'autres songent aux bébés clonés et de synthèse. Quel incroyable aplomb! Chacun d'entre nous peut déjà imaginer des désastres possibles – et les techniciens de la biotechnologie ne peuvent pas affirmer a priori que ces désastres n'auront pas lieu. Pire encore: nous devrions laisser entrevoir la possibilité théorique qu'un ensemble de désastres peut avoir lieu et que nous sommes incapables à ce jour de prévoir. Nous ne pouvons pas connaître à l'avance toutes les sciences qui peuvent s'avérer appropriées, ou connaître, en toute logique, l'étendue de ce que nous ne savons pas et que nous devrions savoir. Toutefois, les preuves sont nombreuses pour étayer le fait que même lorsque nous pensons que nous comprenons la science, et que la technologie est bien éprouvée, les choses vont mal. Les ponts continuent de trembler.

Il devrait alors être évident, selon tout sens commun (étayé par la logique), que nous devons procéder avec prudence: le «principe de précaution» doit s'appliquer. Certes, si nos ancêtres n'avaient jamais pris de risques, nous vivrions encore dans des cavernes (en partant du principe que nous soyons allés aussi loin), et les cavernes ne sont pas attirantes. C'est là que nous devons modifier ou renforcer le principe général de «prudence» et penser plus précisément à «l'analyse du risque par rapport aux avantages». Cette entreprise n'est pas suffisante, mais elle est nécessaire.

L'analyse risques-avantages appliquée aux OGM ou au génie génétique des bébés donne le type de résultats qu'une personne sensée peut prévoir: à savoir que le génie génétique dans certains contextes semble avoir beaucoup à offrir – les avantages sensibles semblent parfois l'emporter sur les risques, même ceux que l'on ne peut pas connaître. Mais cela ne signifie nullement que le génie génétique peut être développé à la légère, dans toutes les situations où les avantages ne sont pas absolument évidents et les risques relativement faibles. Ainsi, il semble évident que les fermiers du Sahel tireraient un énorme avantage d'un sorgho résistant au mildiou. La moitié de la récolte de sorgho, qui est un produit de base, est généralement décimée par le mildiou, et les fongicides sont trop onéreux et posent eux-mêmes des problèmes. Toutefois, il semble impossible de produire un sorgho véritablement résistant au mildiou par les techniques traditionnelles, car le pool génétique du sorgho ne contient pas de gènes appropriés. Le génie génétique est nécessaire pour introduire un gène d'une autre graminée. Oui, il y a des risques, mais dans ce cas la technique pourrait sauver de nombreuses vies, et tout un mode de vie. Le colza résistant aux herbicides qui a été testé au Royaume-Uni n'offrait aucun avantage comparable. Il aurait simplement diminué de façon infime le prix d'une denrée qui est déjà bon marché. Mais les risques seraient au moins aussi importants qu'au Sahel.

Là encore: il semble réellement intéressant d'appliquer les techniques du génie génétique pour réparer les tissus des enfants atteints de fibrose kystique, comme il l'est suggéré depuis les années 1980. Les gènes introduits *ad hoc* ne seraient pas transmis à la génération suivante: la plupart des enfants atteints de fibrose kystique pourraient se reproduire en toute sécurité (s'ils étaient en assez bonne santé), car, même si leurs descendants étaient porteurs, il serait possible de sélectionner au stade embryonnaire les petits-enfants qui ne sont pas porteurs du gène mutant. Si les tiers susceptibles d'être infectés par l'aérosol d'ADN donnent leur autorisation, l'utilisation de cette merveilleuse technologie semble bienveillante et peu risquée. En revanche, introduire dans une personne des gènes qui pourraient se transmettre à la génération suivante – et à toutes les générations suivantes – et le faire en outre lorsque la personne n'est atteinte d'aucune pathologie spécifique et pénalisante, simplement dans l'espoir d'ajouter quelques points de QI, semble un risque très sérieux.

Toutefois, à mon avis, les principes qui pourraient guider les nouvelles technologies sont simples. Ils sont anciens et largement – presque universellement – admis.

Nouvelle technologie de pointe et ancienne moralité

Lorsque le monde a entendu parler de Dolly en 1997, l'ensemble de la population a commencé naturellement à spéculer sur le clonage humain. Plusieurs médecins et au moins une personne qui n'est pas médecin (en fait un physicien) prévoient déjà de proposer un service clinique. De nombreux biologistes se sont engagés dans le combat éthique et au moins certains – mais pas les professeurs Wilmut et Campbell, les acteurs principaux! – sont très optimistes à ce sujet. Un professeur renommé a affirmé qu'il aimerait être cloné par curiosité, comme s'il s'agissait d'une justification suffisante, et un autre a déclaré que le clonage humain «ne soulève pas de nouvelles questions d'éthique». Il a défié le monde de prouver le contraire. Voyons si nous pouvons relever le défi.

Tout d'abord, cloner un être humain ou attribuer de nouveaux gènes à la génération suivante place sans conteste la barre plus haut en ce qui concerne l'éthique. Le raisonnement est simple. Personne ne peut être tenu moralement responsable de situations sur lesquelles il/elle n'a aucun contrôle (ce principe n'est pas universellement accepté – par exemple, il ne l'est pas par ceux qui croient en la doctrine du péché originel – mais c'est une règle empirique sensée qui est certainement reconnue comme le fondement de la loi). En revanche, vous devez prendre soin de ce qui est sous votre contrôle.

Normalement, les individus n'ont qu'un contrôle très limité sur le patrimoine génétique de leurs enfants. Chacun d'entre nous exerce le choix d'un partenaire – et il semble moralement convenable d'agir de la sorte. La plupart d'entre nous considérerait comme irresponsable de faire des enfants avec un dangereux psychopathe, si nous pensions que la psychopathie avait un fondement génétique. Toutefois, dans le détail, nous n'avons aucun contrôle sur le patrimoine génétique de nos enfants. Il dépend des aléas de la méiose* et de la recombinaison génétique*, ainsi que du type de gamètes qui se

Méiose:
mécanisme de division des cellules germinales (cellules des ovaires ou des testicules) aboutissant à la formation des gamètes. Durant la méiose I, les chromosomes homologues échangent du matériel génétique. Au cours de la méiose II, les deux cellules diploïdes résultantes (contenant deux jeux de chromosomes), avec leurs chromosomes recombinés, se divisent une nouvelle fois pour former chacune deux gamètes haploïdes (contenant un seul jeu de chromosomes).

Recombinaison génétique:
elle a lieu au cours de la méiose et provoque des variations supplémentaires entre les gamètes. Les chromosomes homologues échangent des régions, produisant ainsi de nouvelles combinaisons de matériel génétique.

rencontrent, et s'il y a bien quelque chose qui est «entre les mains des dieux», c'est certainement cela. Ainsi – nous sommes responsables du génome de nos enfants dans la mesure où nous pouvons, et devons, choisir notre partenaire, et c'est généralement ce que nous faisons. Mais après cela, si quelque chose va mal, nous ne pouvons pas être tenus pour moralement responsables (même si, malheureusement, les individus se sentent souvent coupables lorsque leurs enfants, de façon totalement inattendue, souffrent de troubles génétiques).

En revanche, si nous clonons un bébé, ou si nous manipulons l'embryon *in vitro,* alors nous déterminons ses gènes. Nous sommes responsables de ce que nous nous permettons de déterminer. Personne ne croit au «déterminisme génétique», mais il est néanmoins vrai que tout ce qui nous arrive, le bien autant que le mal, est dans une certaine mesure inscrit dans nos gènes. Déterminer les gènes d'une autre personne consiste, à un degré certes limité mais important, à déterminer sa vie. Cela nous rend moralement responsables du destin et du bien-être de cette personne dans des proportions que l'humanité n'a jamais connu auparavant. Là encore, j'ai tendance à penser que si cela n'est pas un nouveau scénario moral, alors il est difficile de savoir ce que cela serait.

De toute évidence (bien que cela soit un aparté), il y a de nombreux aspects psychologiques. Même si le bébé de synthèse était un véritable succès – une star du basket-ball, le meilleur des avocats de tous les temps –, il aurait des raisons d'éprouver un profond ressentiment. De nombreux enfants sont en colère contre leurs parents simplement parce qu'ils les ont envoyés dans ce qu'ils considèrent comme la mauvaise école, quelle que soit leur réussite ultérieurement. Ils seraient probablement encore plus mécontents si leurs parents avaient déterminé leurs gènes! Ils pourraient penser qu'ils ont été privés de leur individualité. On a su que des enfants intelligents nés par insémination artificielle (IA) affirmaient qu'ils ne se sentaient pas vraiment «réels». Ce sentiment pourrait bien être celui des enfants de synthèse – et malgré tout ce que pourraient leur dire les rationalistes sur «l'irrationalité» de ce sentiment, cela ne le ferait certainement pas disparaître. Les personnes qui souffrent de ce type de sentiments peuvent être «conseillées», mais on ne peut les en débarrasser par la parole. Les parents de l'avocat aux gènes renforcés pourraient bien être choqués de découvrir que leur enfant superbrillant leur intente un procès pour toute l'angoisse mentale qu'on lui a fait subir. Quelques-uns de ces procès émousseraient certainement la technophilie.

Pour en revenir au défi éthique, nous pourrions simplement affirmer qu'il est quelque peu prématuré de prétendre qu'«il n'y aura pas de nouveaux principes éthiques». Il est impossible de prédire le type de scénarios qui surgiront – notamment les étranges états d'esprit, même chez les enfants clonés ou faits sur mesure avec succès – tout comme il est impossible en principe de prédire avec précision l'aboutissement des nouvelles technologies de pointe. Il s'agit d'un territoire inconnu, et nous devrons simplement attendre les événements. Il n'y a pas d'affirmation a priori à faire.

Ou bien – et c'est ce que je trouve le plus intéressant – nous pourrions simplement affirmer que le clonage ne suscitera aucun autre principe car il n'existe pas de principes plus fondamentaux à formuler. Les principes les plus fondamentaux de l'éthique admis par la plupart d'entre nous ont probablement évolué, du moins en partie: des adaptations pour nous aider à nous entendre avec les autres êtres humains. Ces principes fondamentaux ont été explicités, à de multiples reprises, non pas par des moralistes professionnels (même si beaucoup ont été utiles), mais par des prophètes, les divers représentants des grandes religions: Moïse, Jésus, Mahomet et des personnalités éminentes hindoues telles que le mystique du XIXe siècle Ramakrishna. Leur démarche n'était pas de pratiquer une philosophie conventionnelle, mais de chercher ce qu'ils pensaient être la vérité par la révélation. Leur méthode consistait invariablement à chercher la solitude et à méditer «dans la tranquillité».

Cette méditation a donné naissance à trois grands principes – qui pour la plupart ont été succinctement résumés par Ramakrishna. Le premier est qu'il est bon d'être humble (vertu également préconisée par Aristote). Le deuxième est que nous devons avoir du «respect» pour les autres êtres humains et les autres créatures sensibles. Le troisième est que notre attitude envers l'ensemble de l'Univers devrait être empreinte de vénération.

Il ne s'agit pas ici de débattre pour savoir si ces notions représentent vraiment la «vérité révélée», si, comme les prophètes le croyaient et l'affirmaient, il s'agit de la parole littérale de Dieu. Il suffit de faire preuve d'un pragmatisme pur pour affirmer qu'elles correspondent à la formulation générale d'un état d'esprit. Finalement, l'éthique dans son ensemble est ancrée dans les sentiments – les réponses émotionnelles – comme l'affirmait David Hume au XVIIIe siècle[1]. Les débats des moralistes sont secondaires: démêler et explorer les intentions sur lesquelles reposent les réponses émotionnelles et les conséquences probables des actions qui en découlent. Les sentiments sont le moteur de la moralité, tandis que l'intellect ne fait qu'en parler. C'est la religion, plutôt que la morale conventionnelle, qui cherche directement à améliorer et cultiver les émotions sur lesquelles se fondent les débats éthiques. Dans les sociétés laïques, les attitudes sous-jacentes sont laissées au hasard – même si elles étayent l'ensemble du tissu éthique. Les sociétés laïques ont délaissé les religions conventionnelles et ont ainsi abandonné les prophètes qui les représentent et les définissent dans les grandes lignes. Mais ces prophètes, collectivement et individuellement, ont apporté ce qui me semble être les principes immuables. La source ultime de leur sagesse, je me fais un plaisir de la laisser aux théologiens. Néanmoins, il me semble que le contenu – humilité, respect, vénération – évoque presque tout ce qu'il y a à dire, dans tous les contextes.

Ainsi, si nous étions humbles, envisagerions-nous de nous cloner nous-mêmes? Si nous faisions preuve d'une telle humilité et d'un véritable respect pour les autres, envisagerions-nous une seule seconde d'imposer nos goûts dans les gènes de nos enfants? Car, bien que nous les appelions «nos» enfants par commodité, ils ne sont pas notre propriété. Ce sont des personnes à part entière. Si nous considérions l'Univers dans son ensemble, et la vie qu'il renferme, avec vénération, prendrions-nous autant de risques avec les autres créatures, simplement pour faire baisser de quelques francs la tonne de maïs? Certainement pas. Il est certain que si nous gardions à l'esprit les bases de la moralité, telles qu'elles ont été définies au cours des

1. David Hume, *Traité de la nature humaine*, 1739.

3 500 dernières années – et étaient sans conteste admises pendant des milliers d'années auparavant – nous utiliserions les nouvelles technologies avec beaucoup plus d'assurance. Il serait encore nécessaire de définir des lois rigoureuses et des codes de pratique (par exemples relatifs à la culture des cellules d'embryons pour la réparation de tissus), mais la forme générale de ces lois et leurs objectifs seraient évidents.

Je pense que l'ensemble de la population – «le public» – est parfaitement conscient de tout cela, même si les arguments ne sont pas toujours explicités. Ce sont les scientifiques et les philosophes imbus de leur spécialité, ou du moins un grand nombre d'entre eux, qui semblent avoir des problèmes. C'est une autre raison pour ne pas accepter la domination par les experts; et c'est pourquoi les experts feraient bien d'écouter, bien plus qu'ils n'y sont enclins, ce que disent vraiment leurs critiques, et ne pas partir du principe qu'il ne s'agit que de protestations d'ignorants. La notion selon laquelle toute critique découle d'un manque d'appréciation peut être réconfortante, jusqu'à un certain point, mais ce n'est tout simplement pas le cas.

Histoire du clonage

par le professeur John B. Gurdon et James A. Byrne

Le clonage est un terme ambigu même en biologie. Il implique essentiellement la production de copies génétiques. Que ces «copies génétiques» soient des brins d'ADN*, des cellules en culture cellulaire* ou des organismes complets, le procédé reste désigné sous le terme de clonage. Même ce dernier procédé (le clonage d'organismes) peut aussi bien décrire une prolifération bactérienne, le clonage de plantes à partir de bouture (comme on le pratique depuis des milliers d'années) ou le clonage d'animaux. Nous examinerons dans ce texte l'historique du clonage animal.

Le texte est divisé en trois parties. La première examine les débuts du clonage amphibien lorsque les scientifiques ont tenté de répondre aux questions de biologie fondamentales sur le développement et la différenciation*. La deuxième partie explique comment la recherche sur le clonage s'est développée chez le mammifère et les différentes étapes décisives réalisées dans ce domaine. Enfin, la troisième partie considère la mise en œuvre éventuelle de cette technologie chez l'être humain à des fins thérapeutique et reproductive.

Clonage amphibien

Il nous faut expliquer plusieurs concepts et définitions avant d'examiner attentivement l'historique du clonage des vertébrés. Les vertébrés sont des animaux qui possèdent une colonne vertébrale, ce qui inclut les amphibiens et les mammifères. Les cellules des vertébrés se composent d'un noyau dans lequel l'information génétique (ADN) est stockée et d'un fluide environnant appelé cytoplasme. Les cellules qui produisent les spermatozoïdes et les ovules sont appelées cellules germinales, celles qui composent le reste des tissus corporels d'un animal sont dites cellules «somatiques». Lorsqu'un spermatozoïde et un ovule se combinent (fécondation), la cellule fusionnée obtenue est appelée zygote. Elle se divise (se segmente) en une boule de cellules

ADN: acide désoxyribonucléique, constituant le génome de tous les organismes vivants.

Culture cellulaire: croissance de cellules *in vitro*.

Différenciation: restriction progressive des évolutions cellulaires possibles jusqu'à l'acquisition d'une fonction spécialisée.

Gène:
segment d'ADN sur un chromosome qui code pour une protéine et donc éventuellement une caractéristique (par exemple les yeux marron).

Lignée germinale:
toute cellule d'une série de cellules qui produisent par la suite des spermatozoïdes ou des ovules.

«filles» qui forment un embryon. Avec le temps, cet embryon peut se développer en un organisme complet.

Dès que les chercheurs se sont attelés à la tâche d'expliquer expérimentalement comment un œuf fécondé se transforme en un organisme complet, il est apparu clairement que la question essentielle concerne le rôle du noyau et de ses gènes*. A la fin des années 1800, Weismannn pensait que des gènes pouvaient être perdus dans toutes les cellules autres que la lignée germinale* (Weismannn, 1892). Il a suggéré que lorsque l'embryon, à un stade précoce, engendre les différents types de tissu somatique (peau, intestin et muscle), les gènes qui ne seraient plus nécessaires pourraient être éliminés. La lignée de cellules qui donne naissance au tissu musculaire, par exemple, perdrait les gènes nécessaires à la production de peau ou d'intestin. De même, les cellules qui forment l'intestin perdraient les gènes nécessaires à la production de tous les types de tissu, à l'exception de l'intestin.

Les premières tentatives pour mettre cette idée à l'épreuve remontent à Spemann qui, en 1914, a réussi à nouer une petite partie du cytoplasme d'un œuf de triton en utilisant un fil mince. Lorsque la partie principale de l'embryon a atteint le stade de seize cellules (une boule de seize cellules), il a relâché le lien, ce qui a permis au noyau d'une des cellules de migrer dans la saillie du cytoplasme. Il a alors resserré le lien de telle sorte que le morceau de cytoplasme (contenant le noyau ayant migré) soit séparé du reste de l'embryon. Spemann a observé que ce morceau pouvait seul former un embryon normal. Il a donc pu conclure qu'il n'y avait pas de perte de matériel génétique (gènes) (au moins jusqu'au stade de seize cellules) à partir des noyaux. Il restait toutefois la possibilité que les gènes puissent être perdus après ce stade.

Il est apparu clairement à Spemann et à d'autres que l'expérience idéale serait de pouvoir transférer le noyau d'une cellule somatique dans un œuf dont le propre matériel génétique aurait été retiré (Spemann, 1938). Il s'agit en principe de la base des expériences de transplantation nucléaire.

Briggs et King ont été les premiers à réussir une transplantation nucléaire chez des animaux, en 1952, en utilisant la grenouille américaine, *Rana pipiens*. Ils ont fait une pipette très fine permettant à la cellule d'une blastula* (embryon à un stade précoce) d'être aspirée assez délicatement en rompant la membrane cellulaire* (entourant la cellule) mais en laissant le noyau toujours enveloppé de son propre cytoplasme. Ils ont ensuite injecté cette cellule (avec son noyau protégé) dans le cytoplasme d'un très gros ovocyte énucléé. «Enucléé» signifie que le matériel génétique (gènes) de cet ovocyte avait été enlevé. Briggs et King ont trouvé qu'un nombre significatif d'ovocytes énucléés (ayant reçu le noyau de blastula) pouvaient se développer en embryons et même en jeunes têtards (Briggs et King, 1952). C'était la première fois que l'on démontrait la possibilité de transplanter un noyau vivant d'une cellule somatique dans un œuf énucléé et d'obtenir un développement.

Briggs et King ont continué leurs expériences avec *Rana pipiens* en utilisant des cellules donneuses somatiques prélevées chez des embryons à un stade plus avancé. Ils ont été surpris de trouver que lorsque les noyaux étaient prélevés sur des cellules légèrement plus avancées (embryon au stade de la gastrula* et de la neurula* qui sont des stades embryonnaires avancés), le taux de survie des embryons obtenus par transplantation nucléaire diminuait. Ils ont observé également que lorsque les noyaux étaient prélevés sur des neurulas (embryons d'environ deux jours) les œufs receveurs ne se développaient plus normalement. Ces résultats les ont amenés à conclure qu'au cours des processus de développement et de différenciation cellulaires il y avait soit une perte, soit une inactivation irréversible des gènes. Cette conclusion corroborait la théorie de Weismannn sur «la perte génétique».

Ultérieurement dans leurs travaux, Briggs et King se sont demandé si les anomalies de développement chez l'embryon correspondaient aux types de cellules d'où les noyaux avaient été enlevés. Ils ont cherché à savoir par exemple si les embryons de transplantation nucléaire obtenus à partir de noyaux d'endoderme* (futur intestin) risquaient particulièrement de manquer de structures non endodermiques (muscles et nerfs). Bien qu'ils aient noté une légère tendance dans ce sens, les résultats n'ont jamais été concluants, et l'on estime

Blastula:
stade embryonnaire précoce chez les animaux durant lequel l'embryon a l'aspect d'une sphère creuse constituée de cellules.

Membrane cellulaire:
membrane qui entoure le cytoplasme cellulaire et le noyau.

Gastrula:
stade intermédiaire de la formation de l'embryon (l'embryon est alors constitué de trois feuillets).

Neurula:
stade embryonnaire avancé (début de formation du système nerveux).

Endoderme:
partie de l'embryon précoce qui donne naissance à l'intestin et aux organes associés.

Marqueur génétique: différence génétique qui permet une identification claire (par exemple les albinos).

Totipotent: se dit d'une cellule qui peut conduire à la formation de n'importe quel tissu de l'organisme.

Reprogrammation: passage d'un noyau d'un état spécialisé (somatique) à un état non spécialisé (embryonnaire).

actuellement que les types d'anomalies de développement (dont souffrent les embryons de transplantation nucléaire) ne sont pas liés au type de cellule du donneur nucléaire.

Peu après les travaux précoces de Briggs et King utilisant *Rana pipiens,* le groupe de Michael Fischberg a amorcé des travaux sur la transplantation nucléaire au Royaume-Uni. Ils ont décidé d'utiliser dans leurs travaux le xénope, un crapaud sud-africain, pour deux raisons. Tout d'abord, cette espèce de crapaud peut être facilement élevée jusqu'à maturité sexuelle en laboratoire. Ensuite, à la différence des grenouilles de l'espèce *Rana,* les crapauds xénopes peuvent être amenés à pondre des œufs toute l'année en leur injectant certaines hormones de mammifères. Le xénope a pu fournir un matériel très favorable à la transplantation nucléaire. De plus, il a été possible d'utiliser un marqueur* génétique prouvant indubitablement que les embryons de transplantation nucléaire provenaient bien des noyaux transplantés et non d'une incapacité à retirer le noyau des œufs récepteurs (Fischberg, Gurdon et Elsdale, 1958).

Les travaux ultérieurs sur le xénope ont donné une conclusion à l'opposé de celle de Briggs et King. Il devint possible de cloner à partir de cellules de plus en plus spécialisées de l'endoderme et de la lignée intestinale tout en obtenant un développement normal. On a pu enfin transplanter des noyaux de l'épithélium intestinal (cellules aplaties très spécialisées) de très jeunes têtards. Un certain nombre de ces embryons clonés se transformèrent en crapauds adultes et devinrent des mâles ou des femelles sexuellement mûrs (Gurdon, 1962). Le noyau d'une cellule intestinale est donc «totipotent*» (après transplantation nucléaire) dans la mesure où il contient tous les gènes nécessaires à une différenciation en un tissu quel qu'il soit. On a pu alors établir le principe général selon lequel la différenciation cellulaire peut se produire sans inactivation irréversible ou perte de matériel génétique (gènes). Le noyau d'une cellule intestinale aura des gènes inactifs pour les muscles, le cerveau, le sang, etc., et pourtant ces gènes inactifs peuvent être réactivés (reprogrammés*) lorsque les noyaux sont exposés au cytoplasme de l'œuf. Un noyau déjà différencié peut donc donner naissance à la gamme complète de types de cellules pour tous les tissus corporels. Dans ce cas, il s'agissait d'un noyau de cellule épithéliale intestinale. Ces recherches ont montré que la théorie de la «perte génétique» de Weissman était incorrecte. Il n'existe pas de perte de matériel génétique (gènes) lorsque les cellules se différencient et se spécialisent.

Dans des travaux ultérieurs, les mêmes conclusions générales ont été tirées en utilisant des noyaux d'autres types de cellules spécialisées. Il s'agissait de noyaux de cellules nerveuses (Simnett, 1964) et de noyaux de cellules cutanées adultes (Gurdon et Laskey, 1970; Gurdon, Laskey et Reeves, 1975). Dans ces dernières expériences, des grenouilles albinos ont été utilisées pour fournir le matériel donneur. Les noyaux de cellules de têtards albinos ont été ainsi transplantés dans des œufs non albinos de phénotype sauvage*. Tous les embryons clonés de têtards obtenus ont été albinos, ce qui prouve qu'ils s'étaient développés à partir du noyau albinos donneur.

L'analyse ci-dessus montre que les premières expériences de transplantation nucléaire s'attaquaient spécifiquement au problème de la totipotence génétique en relation avec la différenciation cellulaire. C'était la motivation de ces expériences, et les travaux ont donné une réponse à un problème fondamental de la biologie du développement. Il était clair à cette époque que la méthode de transplantation nucléaire donnerait naissance, par retombées, à des individus clonés. Par clone, on entend un groupe d'individus génétiquement identiques. Le concept de jumeaux identiques est courant chez l'être humain. Ils résultent de la scission d'un embryon à un stade précoce en deux parties, de telle sorte que chacune forme un individu de constitution génétique identique. Le procédé de transplantation nucléaire peut engendrer des clones contenant un grand nombre d'individus génétiquement identiques. Ainsi, si les noyaux sont extraits d'un embryon unique, d'un animal à l'état larvaire* ou même adulte et transplantés dans les ovocytes récepteurs, tous les animaux en résultant seront génétiquement identiques, et constitueront donc un clone.

La première photo d'un clone a été publiée en 1961 (Gurdon, 1961). Il est possible d'obtenir sans ambiguïté un grand nombre d'individus génétiquement identiques constituant un clone en utilisant des cellules embryonnaires en tant que

Type sauvage: type le plus fréquemment observé (par exemple la couleur type sauvage de la grenouille est verte).

Larves: stade juvénile du développement (pour les grenouilles, il s'agirait des têtards).

donneuses. Les grenouilles et en fait tous les vertébrés subiront un rejet immunitaire de tout tissu transplanté qui ne leur est pas génétiquement identique. Aussi, la preuve de l'identité génétique des membres d'un clone a-t-elle été obtenue en greffant de la peau d'un animal à un autre. Dans le cas de grenouilles clonées, les greffes de peau ont été entièrement réussies (sans rejet).

Dès le début des travaux de transplantation nucléaire chez les amphibiens, on a jugé utile de mener à bien un procédé appelé transplantation nucléaire en série. Il s'agit de la transplantation d'un noyau embryonnaire dans un ovocyte énucléé pour obtenir un embryon de transplantation nucléaire à un stade précoce. Les cellules de cet embryon sont alors elles-mêmes utilisées comme cellules donneuses pour faire d'autres transplantations nucléaires dans une autre série d'ovocytes récepteurs. Ce procédé peut alors être répété indéfiniment. Il est donc possible en principe d'obtenir un nombre important d'individus génétiquement identiques avec cette technique de transplantation nucléaire en série ou «technique de clonage en série» (Gurdon, 1986). Le transfert nucléaire en série semble augmenter l'efficacité du clonage en partie en raison d'une double exposition au cytoplasme de l'œuf (qui permet une reprogrammation ultérieure) et en partie parce que la cellule donneuse pendant le deuxième transfert nucléaire est une cellule embryonnaire et non une cellule somatique différenciée (et donc plus difficile à cloner).

En conclusion, le clonage des vertébrés (réalisé pour la première fois avec des amphibiens) était une retombée de l'importante question d'ordre scientifique: «Existe-t-il une perte des gènes dans les cellules somatiques au fur et à mesure du développement?» La recherche chez les amphibiens a permis de répondre par la négative. Le clonage des mammifères est essentiellement un sujet d'intérêt pratique et non un procédé visant à répondre à une question scientifique. Le succès récent de la transplantation nucléaire chez les mammifères (Wilmut, Schnieke, McWhir, Kind et Campbell, 1997) a suscité un grand intérêt du public pour le procédé, essentiellement parce qu'il est susceptible de s'appliquer à l'être humain. La deuxième partie de ce texte examine l'historique du clonage des mammifères et la dernière traite de l'éventuelle mise en œuvre de cette technologie chez l'être humain à des fins thérapeutique et reproductive.

Monozygote: issu d'un seul zygote.

Clonage des mammifères

La transplantation nucléaire chez les mammifères est techniquement plus difficile que chez les amphibiens pour de nombreuses raisons importantes. Les ovocytes des mammifères sont moins d'un millième du volume des œufs des amphibiens, ils sont nettement moins nombreux et des techniques invasives sont nécessaires pour les extraire et pour implanter les embryons clonés obtenus à la suite du transfert nucléaire. Ces raisons permettent de comprendre pourquoi le clonage des mammifères a été initié bien plus tard que la recherche sur le clonage des amphibiens.

Le clonage des mammifères comprend en fait deux domaines fondamentalement distincts: la transplantation nucléaire de cellules somatiques et la scission embryonnaire. Lorsque le clonage des mammifères est abordé, pour la plupart des gens il est question de transplantation nucléaire de cellule somatique, c'est-à-dire le transfert d'un noyau d'une cellule somatique dans une autre cellule (habituellement un ovocyte) dont tout le matériel nucléaire a été retiré. L'embryon obtenu a la possibilité de se développer en un organisme cloné génétiquement identique à la cellule donneuse. L'autre forme de clonage est une scission de l'embryon et implique la division naturelle ou artificielle d'un embryon en deux embryons partiels au moins. Ces embryons partiels ont la potentialité de survivre à cette séparation et de se développer en deux individus génétiquement identiques. C'est ce phénomène qui se produit lorsque deux jumeaux monozygotes* sont créés de façon naturelle. Bien qu'il existe deux types distincts de clonage des mammifères, notre article examinera essentiellement la transplantation nucléaire de cellule somatique, un sujet qui offre un éventail immense d'applications futures potentielles dans de nombreux domaines.

Derek Bromhall est le premier à avoir tenté de cloner des mammifères par un transfert de noyau de cellule somatique en

Blastomère: une des cellules de l'œuf en division pendant la segmentation.

Amas embryonnaire (ICM – *Inner cell mass*/cellules de la masse interne): groupe de cellules dans un blastocyste qui formera le fœtus.

1975. Bromhall a fusionné des cellules embryonnaires à un stade précoce avec des ovocytes non fécondés de lapin en utilisant le virus Sendai. L'exposition au virus Sendai entraîne la fusion du donneur nucléaire et des cellules réceptrices énucléées. Les embryons clonés sont tous morts à des stades embryonnaires précoces (Bromhall, 1975). Cette première tentative de clonage des mammifères n'a donné que peu de résultats. Rétrospectivement, ces problèmes auraient pu être évités en utilisant une autre espèce animale.

Bien que le thème principal de notre chapitre soit le clonage des mammifères par transplantation nucléaire, il est possible de résumer assez brièvement les travaux réalisés sur la scission embryonnaire chez les mammifères. Steen Willadsen a été le premier à réussir une tentative de clonage de mammifères par scission embryonnaire artificielle en 1979. Willadsen a réussi à séparer artificiellement les blastomères* d'embryons de mouton à un stade précoce et a pu obtenir cinq paires de moutons jumeaux monozygotes en bonne santé (Willadsen, 1979, 1981). Depuis cette expérience, de nombreux autres mammifères ont été clonés par cette méthode et Jerry Hall a même réalisé une scission embryonnaire sur des embryons humains (Hall, Engel, Gindoff *et al.*, 1993). Les embryons humains clonés que Hall a produits n'ont pas été implantés par la suite. Récemment, la American Society of Reproductive Medicine (ASRM) (société américaine de procréation médicalement assistée) a déclaré que cette technique de scission embryonnaire chez l'être humain était éthique pour aider les couples stériles à concevoir des enfants (ASRM, 2000). Après cet examen élémentaire des techniques de scission embryonnaire chez les mammifères, nous allons consacrer le reste de notre chapitre au clonage par transplantation nucléaire de cellule somatique.

Kark Illmensee et Peter Hoppe ont été le premier groupe à affirmer avoir réussi à cloner un mammifère adulte par transfert nucléaire. Dans un article du journal scientifique *Cell*[1] (Illmensee et Hoppe, 1981), les chercheurs ont déclaré avoir réussi à produire trois souris vivantes par transfert de noyaux de cellules de l'amas embryonnaire* dans des zygotes de souris énucléés (un zygote n'est qu'un œuf fécondé). Pourtant, à ce jour, aucune équipe n'a réussi à reproduire cette expérience

1. *Cell*: http://www.cell.com/

(McGrath et Solter, 1984; Howlett, Barton et Surani, 1987; Wakayama, Tateno, Mombaerts et Yanagimachi, 2000), ce qui met en doute la validité de ces résultats (Wilmut, Campbell et Tudge, 2000).

Le premier transfert nucléaire réussi et reproductible chez le mammifère a été réalisé par James McGrath et Davor Solter (McGrath et Solter, 1984). Ils ont fusionné un noyau zygotique (donneur) avec une autre cellule zygotique énucléée de souris (réceptrice) en utilisant la même technique que celle utilisée par Bromhall avec le virus Sendai. Cette expérience n'était pas en fait un transfert nucléaire de cellule somatique (puisque le zygote n'est pas une cellule somatique), mais le premier transfert nucléaire réussi et confirmé chez le mammifère. Cette expérience a produit un nombre élevé de souris saines qui se sont développées à partir de blastocystes* (embryons à un stade précoce) implantés. Il s'agit du seul protocole connu pour le transfert nucléaire dans des zygotes énucléés qui entraîne une descendance clonée vivante. Nous estimons à l'heure actuelle que le cytoplasme zygotique a une très faible capacité de reprogrammation, et cette expérience a donc probablement réussi parce qu'il était nécessaire de n'avoir qu'une très faible, voire aucune, reprogrammation du noyau donneur; il était déjà au stade de zygote. Toutes les recherches contemporaines sur la transplantation nucléaire chez le mammifère se sont attelées à transférer des noyaux de cellules donneuses somatiques dans des ovocytes énucléés, qui semblent avoir une capacité de reprogrammation supérieure (capacité de reprogrammer un noyau de cellule différenciée (spécialisée) à l'état embryonnaire).

Blastocyste: étape du développement lors de l'implantation utérine, où l'embryon est un amas creusé d'une cavité.

Après avoir été un pionnier dans la technique de clonage des mammifères par scission embryonnaire, Steen Willadsen a décidé de se lancer dans le clonage par transfert nucléaire de cellule somatique. Contrairement aux recherches précédentes sur le clonage, Willadsen s'intéressait davantage au clonage efficace d'animaux d'élevage performants et ne cherchait pas à résoudre les questions biologiques entourant le clonage (McLaren, 2000). En 1986, Willadsen a réalisé une transplantation nucléaire de cellule somatique chez des brebis, transférant des noyaux de cellule embryonnaire à un stade précoce dans

Cellules embryonnaires souches (cellules ES): cellules embryonnaires cultivées qui peuvent proliférer indéfiniment et se différencier en de nombreux tissus différents.

Passage: technique permettant de repiquer une lignée cellulaire dans de nouveaux récipients et milieux (généralement parce que la lignée est devenue trop importante pour le récipient de départ.)

Quiescence: état inactif de la cellule lorsque la division et la croissance sont temporairement interrompues.

Sérum: composant d'un milieu de culture cellulaire qui favorise la division des cellules.

Milieu de culture: solution dans laquelle les cellules se multiplient.

des ovocytes énucléés en utilisant une nouvelle technique d'électrofusion (l'électricité est utilisée pour fusionner la cellule donneuse et l'ovocyte énucléé) et non la technique avec le virus Sendai qui avait été employée précédemment. Cette recherche a abouti à la naissance de plusieurs agneaux vivants. C'était la première fois dans l'histoire que des mammifères avaient été clonés à partir de noyaux de cellules qui ne faisaient pas nécessairement partie de la lignée germinale (Willadsen, 1986).

Bien que les travaux de Willadsen montrent clairement que des mammifères peuvent être clonés avec succès à partir de noyaux de cellules embryonnaires, ces noyaux étaient relativement indifférenciés et la plupart des applications potentielles du clonage de mammifères exigeaient l'utilisation de noyaux de cellules donneuses différenciées ou adultes (Gurdon et Colman, 1999). Ce problème est resté non résolu jusqu'en 1996 quand Keith Campbell et Ian Wilmut ont annoncé qu'ils avaient réussi à cloner deux brebis (Megan et Morag) à partir des noyaux de cellules différenciées (Campbell, McWhir, Richie et Wilmut, 1996). Les cellules donneuses qu'ils ont utilisées étaient en fait des cultures ratées de cellules souches* embryonnaires qui s'étaient différenciées en cellules aplaties semblables à des cellules épithéliales, après plusieurs passages* en milieux. Bien qu'embryonnaires à l'origine, ces cellules avaient un aspect morphologique différencié et exprimaient des marqueurs associés à une différenciation. Campbell a mis la lignée cellulaire dans une phase de quiescence* (inactivité) en réduisant considérablement la concentration de sérum* des milieux de culture*. Cet état nucléaire quiescent augmente probablement l'efficacité du clonage, mais les recherches actuelles ont montré qu'il ne s'agit pas là de son élément clé (comme cela a été suggéré), car des noyaux donneurs dans des états nucléaires différents ont également abouti à une descendance clonée viable (Cibelli, Stice, Golueke, Kane, Jerry, Blackwell, Ponce de León et Robl, 1998). Le protocole suivi par Wilmut et Campbell était très similaire à la technique d'électrofusion de Willadsen lorsqu'il a prouvé que l'électrofusion était plus efficace que la technique avec le virus Sendai pour fusionner la cellule donneuse avec l'ovocyte énucléé récepteur.

Après le succès de Megan et de Morag, Wilmut et Campbell ont décidé (avec une certaine anxiété) d'essayer la même technique avec des noyaux de cellules adultes. Ils ont mis dans une phase de quiescence une culture de cellules mammaires adultes (en réduisant la concentration de sérum) et ont électrofusionné ces cellules avec des ovocytes énucléés de brebis. Bien que plusieurs centaines d'ovocytes aient fusionné avec les cellules donneuses, une seule brebis (Dolly) a été conçue (Wilmut, Schnieke, McWhir, Kind et Campbell, 1997). Dolly, une adulte fertile clonée à partir du noyau d'une cellule adulte, était le fruit de décennies de recherche dans le domaine du clonage des vertébrés, aussi bien amphibiens que mammifères.

Après Dolly, les chercheurs ont commencé à cloner un grand nombre de mammifères à partir de tissu différencié et adulte. Teruhiko Wakayama a produit un clone de cinquante souris en utilisant une nouvelle technique de micro-injection pour transférer les noyaux de cellules donneuses adultes dans les ovocytes énucléés récepteurs (Wakayama, Tateno, Mombaerts et Yanagimachi, 2000). Des singes ont également été clonés mais uniquement à partir de tissu embryonnaire (Meng, Ely, Stouffer et Wolf, 1997). Des chèvres ont été clonées à partir de tissu fœtal en 1999 (Bagushi *et al.*, 1999). En 1999 également, Wells a cloné des vaches à partir de noyaux de cellules adultes (Wells, Misica et Day, 1999). Récemment, trois groupes ont réussi à cloner des cochons (Polejaeva, Chen, Vaught, Page, Mullins, Ball, Dai, Boone, Walker, Ayazres, Colman et Campbell, 2000; Betthauser *et al.*, 2000; Onishi, Iwamoto, Akita, Mikawa, Takeda, Awata et Hanada Hm Perry, 2000). Pourtant, le clonage n'a pas encore été possible pour de nombreuses autres espèces de mammifères, par exemple le chien, le rat et le cheval. Nous mentionnons ces espèces car des efforts visant à cloner ces animaux ont été publiquement annoncés. Récemment, différents chercheurs ont déclaré leur intention de cloner des humains par transfert nucléaire de cellule somatique (Zavos, 2001) ce qui, comme on pouvait s'y attendre, a captivé considérablement l'attention des médias.

Clonage reproductif: clonage en vue de produire des individus génétiquement identiques (par transfert nucléaire de cellules somatiques d'un adulte ou d'un enfant, ou par division artificielle de l'embryon).

Clonage thérapeutique: clonage dont le but n'est pas la réimplantation utérine du clone, mais son utilisation pour des expériences ayant un but thérapeutique à long terme, ou utilisables pour la croissance de tissus afin d'effectuer des transplantations thérapeutiques.

Le clonage humain

Après avoir résumé l'histoire du clonage animal des vertébrés non humains, il convient peut-être d'examiner les applications futures éventuelles des technologies de transfert nucléaire de cellule somatique chez l'être humain. Le clonage humain ou transfert nucléaire de cellules somatiques en utilisant des cellules humaines est en fait à la base de deux technologies très distinctes: le clonage humain reproductif* et le clonage humain thérapeutique*. Le clonage humain reproductif implique la création d'un embryon cloné en utilisant des cellules donneuses du parent potentiel. Cet embryon est implanté dans l'utérus, se développe en fœtus et est conçu par la suite. Le but de cette ligne de recherche est la reproduction d'un jumeau génétiquement identique à la cellule donneuse. Le clonage thérapeutique humain implique la création d'un embryon cloné en utilisant des cellules donneuses saines d'un patient souffrant d'une maladie ou d'un trouble dégénératif (la maladie de Parkinson par exemple). Cet embryon n'est pas implanté mais cultivé en une lignée cellulaire embryonnaire souche (immortalisant ces cellules). Ces cellules embryonnaires souches peuvent alors être chimiquement différenciées en des cellules potentiellement utiles sur le plan thérapeutique, par exemple des cellules précurseurs produisant de la dopamine pour les malades parkinsoniens. Etant donné que les cellules seraient génétiquement identiques au patient, nous pouvons présumer qu'il n'y aura pas de rejet immunitaire de ce tissu (Gurdon et Colman, 1999).

Le but de la recherche sur le clonage humain thérapeutique est de traiter ou de soulager les symptômes de différentes maladies ou troubles, et divers groupes scientifiques ou médicaux ont donc largement soutenu cette recherche (Kind et Colman, 1999). Néanmoins, étant donné que cette technologie repose sur la destruction d'un blastocyste humain cloné (pour créer la lignée cellulaire embryonnaire souche), différents groupes religieux et laïques ont exprimé une opposition farouche (Society for the Protection of Unborn Children, 2000). L'utilisation spécifique du clonage humain thérapeutique pour produire des lignées cellulaires embryonnaires souches clonées a été ratifiée à une large majorité au Royaume-Uni par la Chambre des

Communes en décembre 2000 et par la Chambre des Lords en janvier 2001 (BBC News, 2001).

Les tenants du clonage humain reproductif bénéficient d'un soutien nettement moins important. Les arguments éthiques (Pence, 1998) et religieux (Turner, 1997) mis à part, il existe une opposition scientifique considérable à la proposition de cloner des humains pour la reproduction (Jaenisch et Wilmut, 2001). Les scientifiques s'opposent à cette technique essentiellement parce qu'ils pensent qu'elle pâtira des mêmes problèmes rencontrés lors de la reproduction d'autres mammifères par un transfert nucléaire de cellule somatique.

Le premier problème observé lors du clonage des mammifères est un rendement toujours faible des œufs reconstitués se développant jusqu'à la parturition. En général, pour obtenir un animal cloné jusqu'à la parturition (naissance), environ 100 œufs doivent être énucléés et reconstitués avec des noyaux de cellules somatiques donneuses soit par électrofusion (Wilmut, Schnieke, McWhir, Kind et Campbell, 1997) soit par micro-injection (Wakayama, Tateno, Mombaerts et Yanagimachi, 2000). Le transfert nucléaire ne présente ainsi habituellement qu'une efficacité de 1 %. Même le rendement le plus élevé atteint avec le clonage reproductif des mammifères à partir de noyaux de cellules donneuses adultes ne dépasse pas 3 % (Wakayama, Tateno, Mombaerts et Yanagimachi, 2000). Si le même rendement est obtenu avec le clonage reproductif humain, il faudra un nombre considérable d'œufs humains pour concevoir un seul enfant.

Les anomalies de développement observées chez différents mammifères conçus par transfert nucléaire de cellule somatique constituent un deuxième argument scientifique contre le clonage humain reproductif. L'applicabilité de ces données animales chez l'être humain a fait l'objet d'un débat récent lors d'une conférence de l'Académie nationale des sciences à Washington DC (National Academy of Sciences, 2001). Les scientifiques présents à la conférence qui s'opposent au clonage reproductif humain ont souligné qu'un tiers des mammifères clonés présentent des anomalies de développement dont les plus courants sont un ensemble d'imperfections que l'on

LOS *(large offspring syndrome)*: ensemble d'anomalies congénitales, le plus remarquable étant un poids excessif des nouveau-nés.

FIV (fécondation *in vitro*): processus biologique qui a lieu dans un récipient (éprouvette), hors de l'organisme.

ART – Technologie de procréation médicalement assistée (PMA): par exemple la fécondation *in vitro.*

Empreinte: situation où l'état de répression d'un gène (et donc son expression) dépend du sexe du parent dont il l'a hérité.

Gène IGF2R: *gène du récepteur du facteur de croissance II insulinique:* ce gène code pour un récepteur qui aide à contrôler la taille du fœtus.

désigne par LOS *(large offspring syndrome*)* (syndrome des nouveau-nés de trop grande taille). Ils pensent que les mêmes anomalies se produiraient probablement après transfert nucléaire de cellule somatique humaine. Ils observent aussi qu'il n'existe pas actuellement de technique moléculaire disponible susceptible de cribler dans la totalité du génome les gènes incomplètement reprogrammés après transfert nucléaire et que n'importe lequel des plus de 30 000 gènes humains pourrait être incorrectement reprogrammé après transplantation nucléaire (Jaenisch et Wilmut, 2001). A l'inverse, les chercheurs qui défendent le clonage humain reproductif émettent l'avis qu'un grand nombre des anomalies observées avec le clonage animal sont dues à de mauvaises conditions de culture et que ces conditions ont été améliorées et optimisées pour les embryons et les cellules humaines pendant les vingt-trois ans où l'on a pratiqué la FIV* et autres technologies de procréation médicalement assistée ART *(assisted reproductive technology*)* (Zavos, 2001). Ils notent également que les anomalies du syndrome des nouveau-nés de trop grande taille semblent liées à une empreinte* incorrecte du gène IGF2R* (Young *et al.,* 2001) et que ce gène n'est pas soumis à l'empreinte chez l'être humain ou les autres primates (Killian *et al.,* 2001), ce qui semble indiquer que ces espèces pourraient être plus faciles à cloner. La différence de fréquence des anomalies LOS après FIV chez la personne et chez l'animal fournit des preuves empiriques à l'appui de cette hypothèse (Killian *et al.,* 2001). Ce résultat ne signifie pourtant pas que le clonage humain reproductif est nécessairement sûr, car il peut y avoir d'autres erreurs de reprogrammation des 45 autres gènes humains soumis à l'empreinte ou des plus de 30 000 gènes non soumis à l'empreinte. Certains estiment qu'une vascularisation placentaire inefficace ainsi que d'autres problèmes peuvent encore se produire si nous clonons des humains pour la reproduction (Wilmut cité par Brower, 2001). Il est sans doute un peu plus sûr de cloner pour la reproduction des humains et d'autres primates que des artiodactyles (ruminants, porcins) et des rongeurs, mais plus sûr ne veut pas nécessairement dire sûr.

En résumé, les recherches sur le clonage des vertébrés ont approfondi notre connaissance de la biologie du développement et nous ont fourni un large éventail d'applications potentielles à l'avenir.

Pharming:
version pharmaceutique du «farming» (signifiant élevage en anglais).

Outre le clonage humain thérapeutique mentionné précédemment pour produire des cellules embryonnaires souches génétiquement identiques au patient, le «pharming*» et la xénotransplantation offrent d'autres avantages sur le plan médical. Le pharming est un procédé qui permet à un animal transgénique cloné (une brebis ou une vache par exemple) de sécréter des protéines thérapeutiques dans son lait (Schnieke *et al.*, 1997). Ce procédé a été récemment étendu aux poules, car de grandes quantités de protéines thérapeutiques peuvent être produites dans le blanc d'œuf. La xénotransplantation est en théorie la technique qui permet d'utiliser un cochon transgénique cloné pour fournir temporairement des organes à un patient nécessitant une transplantation dans l'attente de trouver un organe humain compatible (Platt, 1999). Dans le domaine agricole, lorsque le coût du clonage reproductif finira par diminuer, le clonage des meilleurs animaux d'élevage deviendra possible et permettra aux agriculteurs d'augmenter la productivité générale et la santé de leurs animaux (Mitalipov et Wolf, 2000). En ce qui concerne la recherche fondamentale, des animaux de laboratoire génétiquement identiques (par exemple des souris de laboratoire) augmenteraient la précision de la recherche chez l'animal, car la variabilité des résultats expérimentaux proviendrait uniquement des variables expérimentales et non des différences génétiques. Le clonage permettrait de contribuer à conserver des espèces rares en voie de disparition, car la population (mais non la variabilité) des animaux menacés pourrait ainsi augmenter. En général, les animaux présentant des capacités spéciales, par exemple des chevaux de haute lignée, pourraient être clonés (Westhusin, 1998); un chat a été cloné en février 2002[1]. Enfin, le clonage pourrait en théorie être utilisé pour la reproduction asexuée humaine, mais comme nous l'avons mentionné précédemment l'efficacité et l'innocuité de la technique restent contestables. Il semble raisonnable de soutenir que la fréquence des anomalies de développement observées chez les primates non humains (après transfert nucléaire de cellules somatiques) pourrait servir d'indicateur quant à l'innocuité du clonage

1. Voir « Chaton copie conforme »: http://www.liberation.fr/quotidien/semaine/020215-0500240865SCIE.html

humain reproductif. Bien que les expériences initiales chez les primates n'aient montré aucune anomalie de développement après transfert nucléaire avec des cellules donneuses embryonnaires (Meng, Ely, Stouffer et Wolf, 1997), les chiffres sont trop faibles pour être concluants, et il serait prudent de poursuivre les recherches non humaines avec des noyaux de cellules donneuses somatiques différenciées.

Alors que le clonage reproductif humain reste en théorie dangereux et très controversé, nous estimons que le clonage thérapeutique humain doit être considéré séparément, et ses avantages et inconvénients examinés selon leurs propres mérites et coûts. Les avantages médicaux potentiels du clonage humain thérapeutique pour les adultes et les enfants souffrant de maladies et de troubles dégénératifs ont amené bon nombre de personnes à défendre la mise en œuvre de cette technologie comme étant la position la plus éthique:

> «Grâce au clonage thérapeutique de cellules souches embryonnaires humaines, nous avons le potentiel de guérir une multitude de maladies et de troubles qui sont un fléau pour notre espèce. Comment une société civilisée peut-elle tourner le dos aux maladies, aux troubles et à la souffrance de son propre peuple? Un œuf segmenté microscopique de quatre jours après la fécondation est-il vraiment plus important que la guérison de la maladie d'Alzheimer de votre mère, de la maladie de Parkinson de votre père ou du diabète de votre fils? Avant de répondre, vous devez savoir que les maladies que je viens de mentionner ne sont que la partie visible de l'iceberg. Les cellules souches embryonnaires humaines clonées ont le potentiel de guérir ou de contribuer à la découverte d'un traitement pour presque toute maladie ou trouble dégénératif que vous pouvez imaginer. Des cellules clonées indifférenciées malléables qui vous sont génétiquement identiques vous sauveront des maladies qui vous font souffrir. Le clonage thérapeutique humain est véritablement un miracle des temps modernes.» (Waite, 2001) (traduction non officielle).

Historique du clonage des vertébrés	
1885	*Weismann* propose la théorie d'une perte de l'information génétique (gènes) à mesure que les cellules se spécialisent; cette théorie se révèle incorrecte par la suite.
1914	*Spemann* réalise le premier transfert nucléaire avec des noyaux d'embryons de triton à un stade précoce.
1938	*Spemann* publie *Développement embryonnaire et induction* dans lequel il évoque une «fantastique» expérience d'avenir: le clonage d'un animal adulte.
1952	*Briggs et King* réalisent le premier transfert nucléaire où des noyaux de grenouille *Rana* embryonnaire à un stade précoce sont micro-injectés dans des ovocytes énucléés (dont l'ADN a été extrait).
1958	*Fischberg, Elsdale* et *Gurdon* clonent des crapauds xénopes sexuellement mûrs en utilisant des noyaux embryonnaires à un stade avancé.
1962	*Gurdon* utilise des noyaux donneurs différenciés pour cloner des crapauds xénopes sexuellement mûrs.
1975	*Bromhall* réalise un transfert nucléaire chez le lapin mais les clones ne dépassent pas le stade embryonnaire.
1979	*Willadsen* scinde des embryons de brebis à un stade précoce et produit artificiellement des jumeaux «identiques» (monozygotes).
1981	*Illmensee* et *Hoppe* prétendent avoir cloné trois souris adultes par transfert nucléaire, mais leur expérience n'a jamais été répétée.
1983	*McGrath* et *Solter* réalisent un transfert nucléaire chez la souris mais seulement entre deux cellules zygotiques qui ne sont essentiellement que des œufs fécondés.
1986	*Willadsen* réussit à cloner des brebis à partir de noyaux de cellules embryonnaires indifférenciées.
1993	*Hall* clone des humains artificiellement par une «scission embryonnaire», mais il ne réimplante pas les embryons. La scission embryonnaire se produit naturellement pour la naissance de jumeaux identiques.
1995	*Campbell* et *Wilmut* clonent des brebis à partir de noyaux de cellules différenciées (annoncé en 1996).
1996	*Wilmut* clone Dolly en utilisant des noyaux de cellules adultes (annoncé en 1997).

1997	*Meng* et *Wolf* clonent des singes mais uniquement à partir de noyaux de cellules embryonnaires.
1998	*Wakayama* clone 50 souris à partir de noyaux de cellules adultes. Il s'agit de la première preuve concluante établissant que Dolly n'était pas un coup de chance.
1999	*Bagushi* clone des chèvres à partir de tissu fœtal et Wells parvient à cloner des vaches à partir de noyaux de cellules adultes.
2000	Trois groupes parviennent à cloner des cochons.
2001	*Zavos* et *Antinori* proposent de cloner des humains pour la reproduction.

Bibliographie

American Society of Reproductive Medicine (ASRM), «Embryo splitting for fertility treatment», 2000: http://www.asrm.com/Media/Ethics/embsplit.html

Bagushi, A. *et al.,* «Production of goats by somatic cell nuclear transfer», in *Nature Biotechnology,* n° 17, 1999, pp. 456-461.

BBC News, «UK enters the clone age», 2001: http://news.bbc.co.uk/hi/english/uk_politics/newsid_1132000/1132034.stm

Betthauser, J. *et al.,* «Production of cloned pigs from *in vitro* systems», in *Nature Biotechnology,* n° 18, 2000, pp. 1055-1059.

Briggs, R. et King, T. J., «Transplantation of living nuclei from blastula cells into enucleated frogs' eggs», in *Proc. Nat. Acad. Sci. USA,* n° 38, 1952, pp. 455-463.

Bromhall, J. D., «Nuclear transplantation in the rabbit egg», in *Nature,* n° 258, 1975, pp. 719-722.

Brower, V., «Does imprinting make healthier human clones?», 2001: http://news.bmn.com

Campbell, K. H. S., McWhir, J., Richie, W. A. et Wilmut, I.,«Sheep cloned by nuclear transfer from a cultured cell line» in *Nature,* n° 380, 1996, pp. 64-66.

Cibelli, J. B., Stice, S. L., Golueke, P. J., Kane, J. J., Jerry, J., Blackwell, C., Ponce de León, F. A. et Robl, J. M., «Cloned transgenic calves produced from nonquiescent fetal fibroblasts», in *Science,* n° 280, 1998, pp. 1256-1258.

Dinnyes, A. *et al.,* «Development of cloned embryos from adult rabbit fibroblasts: effect of activation treatment et donor preparation», in *Biology Reproduction,* n° 64, 2001, pp. 257-263.

Fischberg, M., Gurdon, J. B. et Elsdale, T. R., «Nuclear transplantation in *Xenopus laevis*», in *Nature,* n° 181, 1958, p. 424.

Gurdon, J. B., «Adult frogs derived from the nuclei of single somatic cells», in *Dev. Biol.,* n° 4, 1962, pp. 256-273.

Gurdon, J. B., «The transplantation of nuclei between two subspecies of *Xenopus laevis*» in *Heredity,* n° 16, 1961, pp. 305-315.

Gurdon, J. B., «Nuclear transplantation in eggs et oocytes», in *J. Cell Sci. Suppl.,* n° 4, 1986, pp. 287-318.

Gurdon, J. B. et Colman, A., «The future of cloning», in *Nature,* n° 402, 1999, pp. 743-746.

Gurdon, J. B. et Laskey, R. A., «The transplantation of nuclei from single cultured cells into enucleate frogs' eggs», in *J. Embryol. Exp. Morph.,* n° 24, 1970, pp. 227-248.

Gurdon, J. B., Laskey, R. A. et Reeves, O. R., «The developmental capacity of nuclei transplanted from keratinized skin cells of adult frogs», in *J. Embryol. Exp. Morph.,* n° 34, 1975, pp. 93-112.

Hall, J. L., Engel, D., Gindoff, P. R. *et al.,* «Experimental Cloning of Human Polyploid Embryos Using an Artificial Zona Pellucida», *in* The American Fertility Society conjointement avec la Canadian Fertility et Etrology Society, *Abstracts of the Scientific Oral et Poster Sessions, Program supplement,* 1993, abstract 0-001, S1.

Howlett, S. K., Barton, S. C. et Surani, M. A., «Nuclear cytoplasmic interactions following nuclear transplantation in mouse embryos», in *Development,* n° 101, 1987, pp. 915-923.

Illmensee, K. et Hoppe, P., «Nuclear transplantation in *Mus muscularus:* Developmental potential of nuclei from preimplantation embryos», in *Cell,* n° 23, 1981, pp. 9-18.

Jaenisch, R. et Wilmut, I., «Don't clone humans!», in *Science,* n° 292(5517), 2001, p. 639.

Killian, J. K. *et al.,* «Divergent evolution in M6P/IGF2R imprinting from the Jurassic to the Quaternary», in *Human Molecular Genetics,* n° 10, 2001, pp. 1721-1728.

Kind, A. et Colman, A., «Therapeutic cloning: needs et prospects», in *Semin. Cell Dev. Biol.,* n° 10(3), 1999, pp. 279-286.

McGrath, J. et Solter, D., «Inability of mouse blastomere nuclei transferred to enucleated zygotes to support development in vitro», in *Science,* n° 266, 1984, pp. 1317-1319.

McLaren, A., «Cloning: Pathways to a pluripotent future», *in Science,* n° 288(5472), 2000, p. 1775.

Meng, L., Ely, J. J., Stouffer, R. L. et Wolf, D. P., «Rhesus monkeys produced by nuclear transfer», in *Biology Reproduction,* n° 57, 1997, pp. 454-459.

Mitalipov, S. M. et Wolf, D. P., «Mammalian cloning: possibilities and threats», in *Ann. Med.,* n° 32(7), 2000, pp. 462-468.

National Academy of Sciences, «Scientific et medical aspects of human cloning», 2001:
http://www.reproductivecloning.net/nas.htm

Onishi, A., Iwamoto, M., Akita, T., Mikawa, S., Takeda, K., Awata, T. et Hanada Hm Perry, A. C., «Pig cloning by microinjection of fetal fibroblast nuclei», in *Science,* n° 289(5482), 2000, pp. 1188-1190.

Pence, G. E., *Flesh of my flesh: The ethics of cloning humans,* Rowman et Littlefield Publishing, Maryland, 1998.

Platt, J. L., «Genetic therapies et xenotransplantation», in *Expert Opin. Investig. Drugs,* n° 8(10), 1999, pp. 1653-1662.

Polejaeva, I. A., Chen, S. H., Vaught, T. D., Page, R. L., Mullins, J., Ball, S., Dai, Y., Boone, J., Walker, S., Ayares, D. L., Colman, A. et Campbell, K. H. S., «Cloned pigs produced by nuclear transfer from adult somatic cells», in *Nature,* n° 407, 2000, pp. 86-90.

Schnieke, A. E. *et al.,* «Human factor IX transgenic sheep produced by transfer of nuclei from transfected fetal fibroblasts», in *Science,* n° 278(5346), 1997, pp. 2038-2039.

Simnett, J. D., «The development of embryos derived from the transplantation of neural ectoderm cell nuclei in *Xenopus laevis*», in *Dev. Biol.,* n° 10, 1964, pp. 467-486.

Society for the Protection of Unborn Children, «Arguments against UK government human cloning proposals», 2000:
http://www.spuc.org.uk/cloning/mpbrief.htm

Spemann, H., *Embryonic Development et Induction,* Yale University Press, New Haven, Connecticut, 1938.

Turner, R. C., *Human cloning: Religious responses,* John Knox Publishing, Westminster, 1997.

Waite, G., «Cloning, stem cells and infertility», 2001:
http://www.reproductivecloning.net

Wakayama, T., Tateno, H., Mombaerts, P. et Yanagimachi, R., «Nuclear transfer into mouse zygotes», in *Nature Genetics,* n° 24, 2000, pp. 108-109.

Weismannn, A., *Das Keinplasma. Eine Theorie der Vererbung,* G. Fischer, Iéna, 1892.

Wells, D. N., Misica, P. M. et Day, A. M., «Production of cloned calves following nuclear transfer with cultured adult mural granulosa cells», in *Biology Reproduction,* n° 60, 1999, pp. 996-1005.

Westhusin, D., «Missyplicity project», 1998:
http://www.missyplicity.com

Willadsen, S. M., «A method for culture of micromanipulated sheep embryos and its use to produce monozygotic twins», in *Nature,* n° 277, 1979, pp. 298-300.

Willadsen, S. M., «Nuclear transplantation in sheep embryos», in *Nature,* n° 320, 1986, pp. 63-65.

Willadsen, S. M., «The developmental capacity of blastomeres from 4 et 8 cell sheep embryos», in *J. Embryol. Exp. Morph.,* n° 65, 1981, pp. 165-172.

Wilmut, I., Campbell, K. H. S. et Tudge, C., *The Second Creation; The age of biological control by the scientists who cloned Dolly,* Headline Book Publishing, Londres, 2000.

Wilmut, I., Schnieke, A. E., McWhir, J., Kind, A. J. et Campbell, K. H. S., «Viable offspring derived from fetal et adult mammalian cells», in *Nature,* n° 385, 1997, pp. 810-813.

Young, L. E. *et al.,* «Epigenetic change in IGF2R is associated with fetal overgrowth after sheep embryo culture», in *Nature Genetics,* n° 27(2), 2001, pp. 153-154.

Zavos, P., «Testimony before the House Subcommittee on Oversight and Investigation; Hearing on Issues Raised by Human Cloning Research», 2001:
http://www.reproductivecloning.net/articles/testimony.htm

Dolly, la brebis clonée

par le professeur Keith H. S. Campbell

Historique de la création de Dolly

La reproduction animale

Chez les animaux, la reproduction a lieu par voie sexuée: la fécondation de l'ovule femelle par un spermatozoïde mâle produit une cellule ou zygote* unique, point de départ d'un nouvel être vivant. Le génome, c'est-à-dire l'information génétique présente dans la plupart des cellules du corps, comprend deux jeux de gènes dont l'un provient du spermatozoïde (génome paternel) et l'autre de l'ovule (génome maternel).

Au cours de la formation de l'ovule et du spermatozoïde, l'information génétique est réorganisée par le mécanisme de la méiose*; ainsi, chaque zygote contient un génome unique et donne naissance à un individu unique. Pendant son développement, le zygote croît et se divise. Le génome, contenu dans le noyau cellulaire (ADN nucléaire ou chromosomique), est dupliqué à chaque division, chaque cellule fille en recevant une copie.

Dans les conditions naturelles, les seuls «clones» sont les vrais jumeaux provenant de la division d'un même embryon en deux individus identiques, mais distincts (jumeaux monozygotes, c'est-à-dire issus d'un seul zygote). Chez certaines espèces, la division de l'embryon peut produire plus de deux clones (par exemple chez les tatous). Il est également possible de «fragmenter» expérimentalement des embryons en laboratoire pour créer plusieurs individus identiques.

Le transfert nucléaire

Dolly n'a toutefois pas été obtenue par «fragmentation» d'un embryon, mais par la technique dite du «transfert nucléaire».

Cette technique consiste en règle générale à retirer le matériel génétique d'un ovule non fécondé (la cellule receveuse) et à le remplacer par le matériel génétique nucléaire (noyau) prélevé dans une cellule à un stade ultérieur de développement (la cellule donneuse) ou, comme dans le cas de Dolly, une cellule provenant d'un animal adulte. La fusion de l'ovule énucléé

Zygote:
cellule résultant de la fusion d'un ovule et d'un spermatozoïde (œuf fécondé).

Méiose:
mécanisme de division des cellules germinales (cellules des ovaires ou des testicules) aboutissant à la formation des gamètes. Durant la méiose I, les chromosomes homologues échangent du matériel génétique. Au cours de la méiose II, les deux cellules diploïdes résultantes (contenant deux jeux de chromosomes), avec leurs chromosomes recombinés, se divisent une nouvelle fois pour former chacune deux gamètes haploïdes (contenant un seul jeu de chromosomes).

Mitochondrie: élément de la cellule, hors du noyau, contenant un petit génome, et produisant de l'énergie.

Organite: élément cellulaire spécialisé.

avec le nouveau noyau est provoquée par une impulsion électrique. Comme il n'y a pas de fécondation, le zygote nucléaire résultant ne contient pas d'ADN maternel ni d'ADN paternel.

Dans la reproduction sexuée normale, l'ovule et le spermatozoïde contribuent à parts égales à la formation du zygote, mais l'ovule contient beaucoup d'autres facteurs indispensables au développement. En particulier, il renferme de l'ADN extrachromosomique situé dans les mitochondries*, organites* intracellulaires à hérédité essentiellement maternelle. Les animaux obtenus par transfert nucléaire ne sont donc pas des «clones» à proprement parler, puisque les facteurs d'origine maternelle (à savoir les mitochondries) de l'embryon proviennent de l'ovule d'une femelle différente de celle qui fournit le noyau. Bien que l'embryon soit produit par voie asexuée, il n'y a pas de duplication ou fragmentation cellulaire et il serait donc plus exact de parler de «copie génomique».

Le transfert nucléaire

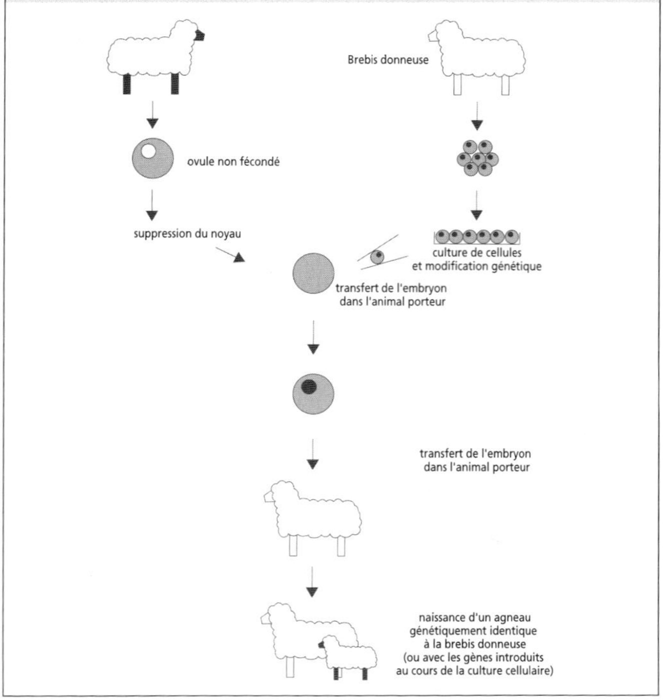

Facteurs conditionnant la réussite des expériences de transfert nucléaire

Le succès des expériences de transfert nucléaire dépend de très nombreux facteurs, notamment:

- la qualité de la cellule receveuse;
- la qualité de la cellule donneuse;
- les phases du cycle cellulaire, qui comporte schématiquement une période de *division cellulaire* (méiose) et une *interphase* qui représente la majeure partie du cycle de la cellule;
- le fait que la cellule donneuse soit ou non différenciée;
- le degré de différenciation;
- les substances chimiques et substrats employés.

Après la fusion, les embryons reconstitués sont mis en culture pendant environ sept jours. A l'issue de cette période, seuls ceux qui ont une chance de poursuivre leur développement sont transférés chez une receveuse pseudo-gestante. Au cours des expériences qui ont abouti à la naissance de Dolly, 277 ovules reconstitués (contenant chacun un noyau diploïde provenant d'un animal adulte) ont été cultivés jusqu'au jour 7 chez des receveuses transitoires. 29 des embryons qui s'étaient développés normalement jusqu'au stade blastocyste (c'est-à-dire le stade où l'embryon a l'apparence d'une petite balle creuse) ont été implantés dans 13 brebis porteuses, dont 1 seule a mis bas un agneau viable.

Circonstances exceptionnelles ayant entouré la naissance de Dolly

Le clonage de Dolly était un événement extrêmement médiatique. Cependant, ce qui rend la création de Dolly exceptionnel, à part la technique utilisée (le clonage), d'un point de vue biologique, c'est qu'elle a remis en cause le dogme scientifique selon lequel la différenciation cellulaire est irréversible, à savoir que la cellule différenciée ne peut pas redevenir pluripotente*.

Pluripotent: qui possède la capacité de se différencier en différents types de tissus.

Empreinte génétique:
identification d'un profil unique du matériel génétique propre à chaque individu.

Controverse autour de Dolly

Certains ont contesté la validité de l'origine de la cellule donneuse utilisée pour créer Dolly. En 1998, dans une lettre à la revue *Science,* Norton Zinder, de l'université Rockefeller de New York, et Vittorio Sgaramella, de l'université de Calabre en Italie, ont fait valoir qu'un seul des 277 œufs reconstitués avait donné un agneau viable. Ils faisaient observer en particulier que la brebis qui avait fourni la cellule dont était issue Dolly se trouvait au dernier stade de la gestation au moment de sa mort; par conséquent, la survie de Dolly pouvait s'expliquer par le fait qu'elle provenait d'une cellule fœtale présente par hasard dans le sang maternel et non d'une véritable cellule adulte.

Ces objections ont été réfutées à deux reprises de manière scientifique par l'établissement d'empreintes génétiques* extrêmement sensibles (immédiatement après la naissance de Dolly et après la parution de la lettre susmentionnée). Qui plus est, la proportion de cellules fœtales circulant dans le sang maternel est comprise entre 1 sur 100000, et 1 sur 1 milliard; aussi est-il hautement improbable qu'une telle cellule soit précisément en cause. Plus récemment, les travaux menés sur des veaux par Jean-Paul Renard, chercheur à l'INRA[1]. (Paris), ont également montré que des cellules différenciées étaient aptes au clonage, ce qui tend à confirmer que Dolly n'était pas une réussite isolée. Depuis les succès obtenus sur le mouton, d'autres animaux (souris, porcs, chèvres et chats notamment) ont également été clonés.

Dolly n'est pas une vraie jumelle de sa mère – la brebis Finn Dorset qui a fourni les cellules de glandes mammaires – puisque son cytoplasme provient d'une brebis Scottish Blackface. Un tel clone n'est pas nécessairement identique à son parent, car la structure génétique n'est pas le seul élément qui détermine l'aspect physique. Ainsi, le clonage d'un animal favori, s'il était possible, pourrait s'avérer décevant: la copie pourrait en effet ne pas ressembler tout à fait à son modèle, bien qu'elle ait le même ADN. On pourrait citer par exemple le cas du premier animal familier fabriqué à la manière de la brebis Dolly, à savoir le chaton «copie conforme[2].».

1. INRA : http ://www.inra.fr/

2. Voir «Chaton copie conforme», *op. cit.*

Problèmes et anomalies

La seule mesure valable de la productivité du processus de transfert nucléaire est le nombre de naissances d'animaux viables obtenues. Comme on l'a vu, de nombreux facteurs influent sur le développement des embryons reconstitués. De même, le déclenchement et le bon déroulement de la gestation sont tributaires d'une série de facteurs liés d'une part à la qualité de l'embryon transféré et, d'autre part, à l'âge, à l'état nutritionnel et à l'état hormonal de la mère porteuse ainsi qu'à la saison.

Le développement d'embryons reconstitués par transfert nucléaire est une méthode très peu efficace: la plupart des études mentionnent des taux de réussite compris entre 0,5 et 5,0%. Ainsi, Dolly a été la seule survivante sur 277 cellules mammaires reconstituées. Les pertes interviennent à tous les stades de la gestation, à la mise bas et après la naissance. Diverses anomalies, par exemple un poids excessif, le vieillissement précoce ou chez Dolly l'arthrite[1] ont été signalées. On ignore les causes de ces anomalies, qui pourraient traduire une reprogrammation génétique incomplète ou défectueuse, peut-être liée à des problèmes au niveau des gènes soumis à l'empreinte parentale. Une meilleure connaissance de la régulation du fonctionnement normal devrait nous aider à mieux comprendre ces mécanismes.

Le clonage animal reproductif à partir d'une cellule adulte – «Dolly»

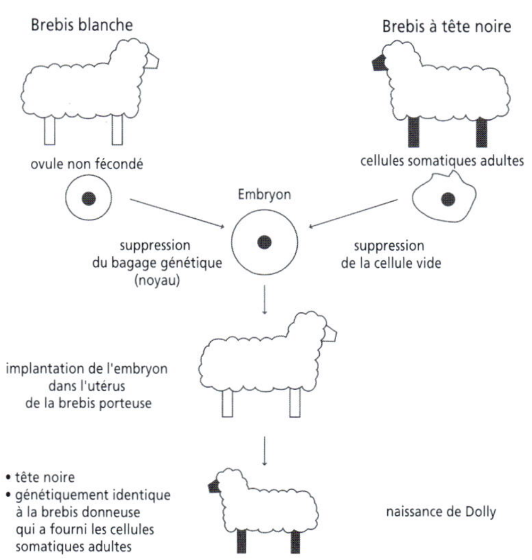

1. Voir article publié le 14 février 2002 «Les souris obtenues par clonage ont des problèmes de santé et une espérance de vie réduite», in *Le Monde*, http://www.lemonde.fr

Intégration du gène:
le gène étranger introduit dans la cellule va s'insérer dans ses chromosomes. Il sera transmis à la descendance comme les propres gènes de la cellule.

Embryon mosaïque:
embryon dont toute les cellules ne possèdent pas le même matériel génétique.

Embryon transgénique:
embryon contenant un gène transféré à partir d'un autre organisme.

Perspectives

Agriculture

Le transfert de noyaux provenant de blastomères embryonnaires a de nombreuses applications agronomiques et scientifiques, comme la multiplication d'embryons d'élite et la production d'exemplaires multiples d'un même individu à des fins expérimentales. Toutefois, le nombre restreint de cellules donneuses disponibles et la faible productivité du processus font obstacle au développement de ces applications. L'utilisation de populations de cellules de culture permet d'accroître le nombre d'animaux productibles à partir d'un embryon, d'un fœtus ou d'un adulte d'élite. De plus, la conservation de populations de cellules congelées peut s'avérer être utile pour préserver les ressources génétiques d'un certain nombre d'espèces. A court terme, cependant, le principal intérêt de la mise en culture de populations de cellules pourvoyeuses de noyaux est qu'elle permet de modifier avec une grande précision le patrimoine génétique d'espèces d'élevage.

Il est possible de produire un animal transgénique en injectant le gène voulu dans le pronucléus d'un zygote. Bien qu'elle ait été appliquée avec succès chez plusieurs espèces telles que la souris, le lapin, le porc, le mouton, la chèvre et le bœuf (voir étude récapitulative dans Wall *et al.*, 1992), cette technique présente plusieurs inconvénients:

- l'intégration du gène* ne se produit pas toujours au cours du premier cycle cellulaire; l'embryon résultant est alors une mosaïque* (Burdon *et al.*, 1992);
- le gène s'intègre au hasard dans le génome, d'où une variabilité de son expression. A l'heure actuelle, on ne sait réaliser que des ajouts de gènes simples;
- le «mosaïcisme» est un obstacle à la sélection des embryons transgéniques* avant leur transfert (Rusconi, 1991);
- l'obtention du phénotype recherché et sa transmission par la lignée germinale peuvent nécessiter plusieurs lignées transgéniques.

Les programmes de reproduction constituent un frein à la multiplication de ce phénotype ou à sa diffusion dans la population.

En revanche, la production d'une population clonée à partir d'une cellule unique présente des avantages non négligeables. Elle permet d'effectuer la modification génétique en culture et de sélectionner les cellules modifiées avant de procéder à la transplantation. Il est possible d'inactiver des gènes *(«knock out»)* et d'en ajouter, de modifier avec précision des régions de contrôle ou d'insérer des gènes à des endroits déterminés du génome *(«knock in»)*. En produisant un animal à partir d'un seul noyau, on supprime les problèmes liés au «mosaïcisme», puisque toutes ses cellules contiennent la modification qui est transmise par la lignée germinale. Tous les animaux résultants sont transgéniques et la constitution d'un troupeau peut être accélérée par la production de multiples exemplaires d'un animal à partir des cultures de cellules. Les expériences qui ont abouti à Dolly faisaient appel à des cellules épithéliales des glandes mammaires. En utilisant une telle lignée cellulaire, on peut envisager de contrôler *in vitro* la capacité de cellules transgéniques à produire du lait possédant telle ou telle caractéristique. Il serait ainsi possible de sélectionner les populations de cellules exprimant au plus haut degré la caractéristique recherchée avant de produire l'animal proprement dit.

Pour que ces modifications soient possibles, il faut que les populations de cellules soient aptes à la transfection* et à la sélection en culture, et durablement utilisables pour des transferts nucléaires. La naissance de Polly, un agneau transgénique capable de fabriquer le facteur IX humain, obtenu par transfert nucléaire à partir d'une population de cellules transfectées et sélectionnées, a montré que les fibroblastes fœtaux* pouvaient être utilisés à cette fin (Schnieke *et al.*, 1997).

Ces expériences ont par ailleurs mis en évidence un gain d'efficacité par rapport à la technique d'injection dans le pronucléus, puisque le clonage permet de diviser par plus de deux le nombre d'animaux nécessaires à l'obtention d'un animal transgénique. La production d'animaux porteurs de modifications génétiques multiples nécessite plusieurs opérations

Transfection:
action d'«infecter» une cellule avec de l'ADN en vue d'un transfert de gène.

Fibroblastes fœtaux:
cellules du tissu conjonctif fibreux, aplaties et de forme irrégulière, obtenues à partir d'un embryon d'environ sept semaines de développement.

Gène endogène: gène originellement présent dans le corps.

consécutives (ajouts, suppressions ou modifications de gènes déterminés). En culture, les populations primaires de cellules ont une durée de vie limitée, mais en les reconstituant à partir de cellules prélevées sur des embryons, des fœtus ou de jeunes animaux produits par transfert nucléaire, il sera possible d'allonger la durée pendant laquelle les cellules peuvent être maintenues en culture en vue de la réalisation de ces opérations. La transgenèse peut également servir à rendre des animaux résistants aux maladies ou à modifier leurs caractéristiques de production, comme la qualité de la viande ou de la laine.

Applications médicales

La capacité de modifier avec précision le génome de cellules en culture ne représente pas une simple amélioration de la technologie transgénique actuelle; elle facilite en outre des modifications génétiques qui ne paraissaient pas envisageables auparavant. Les animaux transgéniques sont appelés à jouer un rôle dans le traitement de diverses maladies humaines, dans le cadre de thérapies déjà disponibles ou susceptibles d'être mises au point à plus long terme.

Substances biopharmaceutiques – Production de protéines humaines par des animaux transgéniques. Des protéines humaines peuvent être produites dans différents tissus et fluides physiologiques comme le sang, l'urine et le lait. L'intérêt de la production de substances biopharmaceutiques par des animaux transgéniques, quel que soit l'usage auquel elles sont destinées, réside dans les volumes importants qui pourraient ainsi être obtenus à un coût relativement faible. A cet égard, la production de protéines dans le lait de brebis, de chèvre ou de vache offre des perspectives intéressantes, le recours à des lapines transgéniques étant également envisageable pour les substances utilisées en petites quantités. Dès à présent, plusieurs protéines thérapeutiques sont produites dans le lait d'animaux transgéniques. Citons l'alpha-1-antitrypsine et le facteur IX, utilisés respectivement dans le traitement de la mucoviscidose et de l'hémophilie B (voir étude récapitulative dans Garner *et al.,* 1998). Le transfert nucléaire permet l'élimination des gènes endogènes*, facilitant ainsi la purification des substances produites. Par exemple, le remplacement de la sérumalbumine bovine par la sérumalbumine humaine (SAH) permettra d'obtenir de grandes quantités de cette dernière pour le traitement des brûlés.

Alicaments – Par exemple, modification du lait animal pour accroître sa valeur nutritive, élimination des allergènes (bêta-lactoglobuline chez les bovins).

Xénotransplantation: La greffe d'organes ou tissus animaux sur des êtres humains. Les organes porcins, physiologiquement proches des organes humains, pourraient se prêter à cet usage, mais le rejet des greffons constitue un obstacle majeur. Bien que les mécanismes intervenant dans ce phénomène ne soient pas tous parfaitement connus, on sait que l'un des principaux antigènes en cause est l'alpha-1,3-galactose. Cet antigène présent dans les cellules porcines est absent chez l'être humain, chez qui il déclenche par conséquent une réaction immunitaire. Le transfert nucléaire à partir de cellules en culture facilitera l'inactivation du gène porcin codant l'alpha-1,3-galactosyl transférase. Les organes et tissus susceptibles d'être employés comme greffons comprennent le cœur, les poumons, les reins et les îlots de Langerhans (cellules du pancréas productrices d'insuline, dont la greffe est utilisée dans le traitement de certains diabètes) (voir étude récapitulative dans White *et al.*, 1998).

Modèles pour l'étude de maladies – On utilise les modèles animaux dont on a besoin pour étudier certains troubles génétiques humains. A l'heure actuelle, c'est souvent la souris qui est utilisée. Or cette espèce ne manifeste pas toujours les mêmes symptômes cliniques que l'être humain. La technologie du transfert nucléaire permettra de créer des modèles expérimentaux chez des espèces plus proches des êtres humains sur le plan physiologique, en vue de suivre la progression d'une maladie ou d'évaluer l'intérêt de nouveaux traitements (y compris la thérapie génique). Un tel modèle serait par exemple très utile pour la mucoviscidose qui, chez la souris, provoque des troubles intestinaux et non respiratoires.

Vieillissement – L'étude du vieillissement est une autre piste, en cours d'exploration, ouverte par les techniques de transfert nucléaire.

Préservation de la diversité génétique – La cryoconservation (congélation) de cellules d'espèces rares ou menacées de disparition peut être un moyen de préserver la diversité génétique. Cette technique serait utile, en particulier, pour les espèces domestiques rares.

Exemples d'effets indirects sur la santé humaine

Des animaux d'élevage peuvent être génétiquement modifiés dans le but d'améliorer diverses caractéristiques de production ou qualités nutritionnelles. Par ailleurs, l'amélioration de la santé des animaux par l'introduction de gènes de résistance à des maladies ou l'élimination de gènes responsables de la sensibilité à des maladies (par exemple le gène PrP qui intervient dans la tremblante du mouton et l'encéphalopathie spongiforme bovine) pourrait, à long terme, avoir des répercussions sur la santé humaine.

Thérapie par les cellules souches

Le transfert nucléaire offre une voie de dédifférenciation des cellules somatiques. Une fois revenues au stade embryonnaire, ces cellules permettraient d'isoler des populations de cellules souches.

Réflexions sur le clonage humain

Pour terminer, j'aimerais donner mon sentiment personnel sur le clonage humain. Depuis la création de Dolly, cette question a focalisé l'attention des médias. En dépit des différences biologiques qui existent entre l'être humain et le mouton, il devrait être possible de cloner des êtres humains. Je doute fort, cependant, que nous parvenions à produire une personne exactement semblable à son modèle. Toute la question est de savoir dans quelle mesure les gènes déterminent la personnalité et le comportement. Si la personnalité a indéniablement une composante génétique, je ne pense pas que celle-ci en soit l'alpha et l'oméga, car l'interaction avec les facteurs environnementaux, familiaux, socio-économiques, culturels et autres reste prépondérante. Des individus clonés à partir de l'ADN d'Adolf Hitler ne se conduiraient pas nécessairement de la même façon que ce dernier. Le faible rendement du processus de clonage et le risque d'anomalies sont un motif de préoccupation. De plus, on ignore comment les clones vont évoluer à long terme. Enfin, comme on l'a vu ailleurs, une pression importante s'exercerait sur l'enfant cloné pour qu'il se comporte comme la personne dont il serait la copie.

L'une des applications du clonage humain pourrait être l'élimination des défauts génétiques des embryons. Notons toutefois qu'au Royaume-Uni le dépistage génétique préimplantatoire (prélèvement de cellules sur des embryons pour vérifier s'ils sont ou non porteurs de maladies) est déjà disponible.

Une autre application intéressante du clonage humain, qui se distinguerait du clonage reproductif puisqu'il ne s'agirait pas de cloner un individu, consisterait à prélever un zygote (issu de l'union d'un spermatozoïde et d'un ovocyte, et donc de la reproduction sexuée) porteur d'un défaut génétique (par exemple la myopathie), créer une lignée de cellules souches à partir de l'embryon ainsi obtenu, éliminer l'imperfection génétique, cloner par transfert nucléaire la cellule souche corrigée et réimplanter le fœtus dans sa mère, sans conserver les cellules restantes. On obtiendrait ainsi un bébé unique, produit par reproduction sexuée, mais dont le génome est corrigé, et la lignée germinale débarrassée de son défaut génétique. Cependant, le clonage par transfert nucléaire de l'être humain n'est pas encore une réalité.

Bibliographie

Briggs, R. *et al.*, «Transplantation of living nuclei from blastula cells into enucleated frog's eggs», in *Proc. Nat. Acad. Sci. USA,* n° 38, 1952, p. 455.

Burdon, T. G. *et al.*, «Fate of microinjected genes in preimplantation mouse embryos», in *Mol. Rep. Dev.*, n° 33, 1992, p. 436.

Campbell, K. H. S. *et al.*, «Recent advances on *in vitro* culture et cloning of ungulate embryos», in *Vth World Congress on Genetics as Applied to Livestock,* 1994, p. 180.

Campbell, K. H. S. *et al.*, «Cell cycle co-ordination in embryo cloning by nuclear transfer», in *Rev. Reprod.*, n° 1, 1996a, p. 40.

Campbell, K. H. S. *et al.*, «Sheep cloned by nuclear transfer from a cultured cell line [see comments]», in *Nature,* n° 380, 1996b, p. 64.

Campbell, K. H. S. *et al.*, «Nuclear-cytoplasmic interactions during the first cell cycle of nuclear transfer reconstructed bovine embryos: implications for deoxyribonucleic acid replication and development», in *Biology Reproduction,* n° 49, 1993, p. 933.

Campbell, K. H. S. *et al.*, «Totipotency or multipotentiality of cultured cells: Applications and progress», in *Theriogenology,* n° 47, 1997, p. 72.

Campbell, K. H. S. *et al.*, « Nuclear Transfer », in *Animal Breeding: Technology for the 21st Century,* AJ Clark (Harwood Academic Publishers), Amsterdam, 1998, p. 47.

Cheong, H. T. *et al.*, «Birth of mice after transplantation of early cell-cycle-stage embryonic nuclei into enucleated oocytes», in *Biology Reproduction,* n° 48, 1993, p. 958.

Czolowska, R. *et al.*, «Behaviour of thymocyte nuclei in non activated et activated mouse oocytes», in *J. Cell. Sci.*, n° 69, 1984, p. 19.

Di Beradino, M. A., *Genomic Potential of Differentiated Cells,* Columbia University Press, Columbia, 1997.

Driesch, H., «Entwicklungsmechanische Studien. I. der Wert der beiden ersten Furchungszellen in der Echinoderenentwicklung. Experimentelle Erzeugnung von Teil und Doppelbildungen», in *Zeitschr. Wiss. Zool.,* n° 53, 1892, p. 160.

Garner, I. *et al.,* Therapeutic proteins from livestock in animal breeding: Technology for the 21st Century, A. J. Clark (Harwood Academic Publishers), Amsterdam, 1998, p. 215.

Gurdon, J. B. *et al.,* «Fertile intestine nuclei», in *Nature,* n° 210, 1966, p. 1240.

Gurdon, J. B. *et al.,* «The developmental capacity of nuclei transplanted from keratinized skin cells of adult frogs», in *J. Embryol. Exp. Morph.,* n° 34, 1975, p. 93.

McCreath, K. J. *et al.,* «Production of gene-targeted sheep by nuclear transfer from cultured somatic cells», in *Nature,* n° 405, 2000, p. 1066.

McGrath, J. *et al.,* «Nuclear transplantation in mouse embryos», in *J. Exp. Zool.,* n° 228, 1993, p. 355.

McGrath, J. *et al.,* «Nuclear transplantation in the mouse embryo by microsurgery et cell fusion», in *Science,* n° 220, 1998, p. 1300.

Prather, R. S. *et al.,* «Nuclear transplantation in early pig embryos», in *Biology Reproduction,* n° 41, 1989, p. 414.

Robl, J. M. *et al.,* «Nuclear transplantation in bovine embryos», in *J. Anim. Sci.,* n° 64, 1987, p. 642.

Roux, W., «Beitrage zur Entwicklungsmechanik des Embryo. Über die kunstliche Hervorbringung halber Embryonen durch Nachtwickelung einer der beiden ersten Furchungskugeln, sowie über die Nachtwickelung (Postergeneration) der fehlenden Korperhalfte», in *Zeitschr. Biol.,* n° 21, 1888, p. 411.

Rusconi, S., «Transgenic regulation in laboratory animals», in *Experientia,* n° 47, 1991, p. 866.

Schnieke, A. E. *et al.,* «Human factor IX transgenic sheep produced by transfer of nuclei from transfected fetal fibroblasts», in *Science,* n° 278, 1997, p. 2130.

Spemann, H., *Embryonic development et induction,* Garland Publishing Inc., New York, 1938, p. 210.

Wakayama, T. *et al.,* «Full-term development of mice from enucleated oocytes injected with cumulus cell nuclei», in *Nature,* n° 394, 1998, p. 369.

Wall, R. J. *et al.,* «Transgenic farm animals – A critical analysis», in *Therio,* 1992, p. 337.

Weismann, A., *Das Kleimplasma. Eine Theorie de Vererbung,* 1892.

White, D. *et al., Xenografts from livestock, in Animal Breeding: Technology for the 21st Century,* A.J. Clark, (Harwood Academic Publishers), Chur 7000, Suisse, 1998, pp. 229-242.

Willadsen, S. M., «Nuclear transplantation in sheep embryos», in *Nature,* n° 320, 1986, p. 63.

Quels fantasmes derrière le clonage reproductif humain?

par le professeur Claude Sureau

Le terme de clonage a déjà fait l'objet de plusieurs développements dans les chapitres précédents; il suffira donc de rappeler qu'il recouvre des situations très diverses, quant aux êtres et aux choses sur lesquels il porte (végétaux, animaux, fragments de génome), quant aux techniques mises en œuvre, quant aux motivations surtout qui l'inspirent ou sont susceptibles, chez l'être humain en particulier, de l'inspirer.

Nous envisagerons successivement quelques situations concrètes utiles à la compréhension des phénomènes biologiques et cliniques, des scénarios humains dont le caractère déraisonnable est évident, d'autres scénarios humains qui méritent une discussion plus approfondie, des domaines très particuliers dont l'étude conduira peut-être à relativiser des prises de position excessivement dogmatiques.

Situations concrètes susceptibles d'éclairer la compréhension des phénomènes

Il convient de rappeler tout d'abord les termes du Protocole additionnel à la Convention pour la protection des droits de la personne et de la dignité de l'être humain à l'égard des applications de la biologie et de la médecine, portant interdiction du clonage d'êtres humains, ouvert à la signature le 12 janvier 1998 et entré en vigueur le 1er mars 2001[1]:

> «Article 1er:
>
> 1. est interdite toute intervention ayant pour but de créer un être humain génétiquement identique à un autre être humain vivant ou mort;
>
> 2. au sens du présent article, l'expression être humain «génétiquement identique» à un autre être humain signifie un être humain ayant en commun avec un autre l'ensemble des gènes nucléaires.»

Avant de considérer l'être humain, observons quelques situations bien connues dans le monde végétal et animal.

1. Voir http://conventions.coe.int/Treaty/FR/Cadreprincipal.htm et annexe III.

Epigenèse:
ensemble des facteurs qui influencent l'expression du génotype de l'organisme pendant le développement (par exemple: facteurs environnementaux).

Scissiparité:
mode de multiplication asexuée qui se réalise simplement par division de l'organisme et régénération d'un individu complet par chacune des parties.

Exemple végétal : le bouturage

Cet exemple correspond d'ailleurs à la définition originelle du clonage: reproduction d'un végétal par «multiplication végétative», c'est-à-dire à partir d'un élément non sexuellement différencié de cet individu. Concrètement, si l'on coupe une branche d'un peuplier et qu'on la plante, elle va donner un nouveau peuplier, clone du premier, puisque ses cellules ont en commun avec celles de celui-ci l'ensemble du génome contenu dans leurs noyaux. Et pourtant, le nouveau peuplier ne sera pas forcément identique au peuplier d'origine; il aura même de fortes chances d'être très différent, d'abord parce qu'il n'a pas le même âge biologique, ensuite et surtout parce que l'environnement marquera son développement: suivant la qualité de la terre, les variations climatiques, l'influence des arbres voisins, la croissance, l'allure, l'apparence, ce qu'en biologie on appelle le «phénotype» (par opposition au génotype, c'est-à-dire la constitution génétique), seront différentes de celles de l'arbre originel. Tout ce qui va ainsi moduler l'expression du génotype, soit par influence environnementale sur le développement, soit même et surtout par action directe sur le fonctionnement génomique, constitue l'épigenèse*. Il s'ensuit une première observation dont les conséquences seront majeures: en raison de l'épigenèse, deux individus génétiquement identiques demeurent fondamentalement distincts; l'un ne saurait être la «copie conforme» de l'autre.

Exemple animal : l'amibe

Forme élémentaire, quoique très répandue, de vie animale, l'amibe se reproduit par scissiparité*, c'est-à-dire qu'elle n'utilise pas non plus un système reproducteur spécialisé, mais se divise tout simplement en deux cellules filles; identiques génétiquement à l'être originel, elles évolueront ensuite au gré de leur destin, là encore modulé par l'environnement.

Situation intéressante parce que, d'un certain point de vue, l'amibe peut être considérée comme immortelle, sauf accident intercurrent. L'immortalité se traduit ainsi par l'aptitude à se diviser en deux cellules filles et non par la capacité de générer un autre individu génétiquement identique. On y reviendra.

La gémellité monozygote des espèces vivipares**

Un court rappel d'abord sur ce que l'on dénomme la fécondation: les spermatozoïdes se précipitent sur l'ovule, ou ovocyte, qui chemine dans la trompe après avoir été capté par son pavillon. Ils l'entourent, s'accolent à la surface. L'un d'entre eux pénètre; est-ce là la fécondation, l'instant *t* qui détermine l'existence du nouvel être, et la protection que, dans beaucoup de pays, la loi lui assure, sauf exception?

Cruelle incertitude, car une trentaine d'heures vont s'écouler depuis l'accolement du spermatozoïde privilégié, sa pénétration, son franchissement des diverses barrières que la nature a disposées sur sa route, son cheminement dans le cytoplasme de l'ovocyte, son rapprochement du noyau de celui-ci, sans que, contrairement à ce que beaucoup croient, il y ait fusion en un noyau unique d'une cellule unique (la cellule originelle mythique de bien des théoriciens), l'effacement des membranes qui entourent ces deux «pronucléi*», les échanges génomiques entre eux et les appariements qui aboutissent à rétablir le nombre «diploïde*» de chromosomes 46 (chaque noyau de gamètes n'en avait que 23); simultanément, le cytoplasme amorce et réalise sa scission* (si bien que l'on passe sans transition du stade de l'ovocyte «fécondé» avec ses deux pronucléi, à celui de l'embryon de deux cellules). Le temps écoulé pendant cette lente «fécondation» dépasse donc la trentaine d'heures: remarque quelque peu déconcertante, car elle rend difficile la définition de cet instant *t* du «début de la vie» ou plutôt du début de l'être, en particulier humain. Cette question n'est aucunement oiseuse, car on conçoit que toute action susceptible d'interférer avec cette évolution biologique et de la bloquer pourra, suivant l'idée que l'on s'en fait, être qualifiée d'abortive ou de contraceptive. A moins qu'à l'inverse la prise en considération de ces phénomènes et de leur complexité ne conduise à une réflexion plus nuancée sur le sens des mots et leur portée conceptuelle.

Il faut d'ailleurs aller plus loin dans la réflexion: la «conception» est-elle réalisée lorsque le «zygote» de deux cellules est constitué? Ou faut-il attendre plus encore, quelques jours, pour que le génome du nouvel être s'exprime pleinement, indépendamment de ceux de chacun des gamètes originels, dont

Gémellité monozygote:
jumeaux issus de la fécondation d'un seul ovule par un seul spermatozoïde, suivi d'une division du zygote en deux moitiés dont chacun conduira au développement d'un individu (vrais jumeaux).

Espèces vivipares:
espèces dont l'œuf se développe complètement à l'intérieur de l'utérus maternel, de sorte que la femelle donne naissance à un individu formé.

Pronucléi:
cellules ne possédant qu'un seul exemplaire de chaque chromosome.

Diploïde:
qui possède deux exemplaires de chaque chromosome (46 chez l'être humain); caractéristique des cellules somatiques.

Scission:
division.

Morula:
l'un des premiers stades du développement où l'embryon est un amas compact de cellule (rassemblant à une petite mûre).

Blastocyste:
étape du développement, lors de l'implantation utérine, où l'embryon est un amas creusé d'une cavité.

Gémellité dizygote:
jumeaux issus de deux ovules distincts, fécondés simultanément par deux spermatozoïdes différents (faux jumeaux).

l'influence (l'empreinte parentale) va progressivement s'estomper; ne sera-t-on pas en effet seulement alors en présence d'un nouvel «individu», biologiquement, génétiquement spécifique?

Cette appellation elle-même, individu, est-elle correcte, ne serait-ce que d'un point de vue étymologique, puisque jusqu'à 14 jours il peut encore se diviser? Entre temps, au septième jour, il se sera, s'il en a la chance, implanté dans la muqueuse utérine marquant ainsi le vrai début de la grossesse pour la femme.

Doit-on, comme certains l'affirment, situer à cette implantation le début de l'existence symbolique du nouvel être, en se fondant sur la nécessité de cette implantation pour pouvoir lui conférer le statut d'*infans conceptus* que lui reconnaît le droit français? Là encore, la question est loin d'être anodine, car en fonction de la réponse qu'on lui donne on interprète certaines actions (hormonales ou mécaniques) comme contraceptives ou abortives.

Entre le deuxième et le quatorzième jour, cet embryon (morula* puis blastocyste*) peut donc se diviser, en deux «jumeaux» qui auront la même constitution génomique et seront de ce fait qualifiés de jumeaux vrais, ou monozygotes (par opposition aux jumeaux «faux» ou dizygotes*, qui résultent de fécondations indépendantes d'ovocytes différents par des spermatozoïdes différents, et sont donc sans autre communauté génomique que celle qui prévaut chez les éléments d'une même fratrie). Ce sont de tels jumeaux dont on constate l'augmentation d'incidence actuelle, en raison soit de transfert dans l'utérus maternel de plusieurs embryons obtenus lors de fécondations *in vitro* (FIV), soit beaucoup plus souvent de fécondations simultanées de plusieurs ovocytes à la suite de stimulations de l'ovulation).

Le point important à souligner est que pour les jumeaux dizygotes le processus de fécondation et ses suites immédiates sont, bien que simultanés, identiques à ce qu'ils sont pour les grossesses uniques; pour les jumeaux monozygotes, en revanche, le processus est un processus de fécondation simple, mais suivi de la séparation ultérieure de l'œuf fécondé en plusieurs «individus», généralement deux (parfois beaucoup plus dans certaines espèces animales comme le tatou).

Si la séparation est précoce, les deux jumeaux pourront être situés dans deux poches différentes (comme tous les jumeaux dizygotes, ce caractère ne permet donc pas de les différencier); plus tard, ils pourront être situés dans une même poche (séparés ou non par une mince cloison); plus tard encore, et heureusement exceptionnellement, ils pourront demeurer partiellement accolés par un segment de corps, formant ce que l'on appelle depuis des célèbres jumeaux du cirque Barnum, originaires de Thaïlande, des siamois.

Ce qui est intéressant, et à juste titre souligné dans le texte du protocole additionnel à la Convention d'Oviedo cité plus haut*, c'est que cette gémellité monozygote réalise spontanément l'une des deux formes fondamentales de clonage des espèces vivipares, ce qu'on appelle parfois le clonage «horizontal» (parce que les deux individus qui en résultent ont le même âge) ou «par scission» puisqu'ils proviennent de la séparation de l'amas blastomérique originel*.

Théoriquement, et c'est là un premier scénario imaginable dans l'espèce humaine, on pourrait envisager de réaliser (chirurgicalement ou médicalement) de telles gémellités artificielles sur des zygotes obtenus par FIV; il s'agirait bien alors d'une forme de clonage humain.

Quelle pourrait en être la motivation? On la discerne mal puisque d'une manière générale les embryons ainsi fécondés *in vitro* sont plutôt excessivement nombreux. Quel intérêt y aurait-il alors à rechercher l'obtention d'une gémellité monozygote, alors que l'on tente par ailleurs d'éviter au maximum les gémellités dizygotes? Rien ne permet de soutenir l'argument d'un renforcement des chances d'implantation dû à la présence de deux vrais jumeaux, par exemple en cas d'échecs répétés, par rapport à celles liées à la présence de jumeaux dizygotes: cette hypothétique avantage serait en tout état de cause contrebalancé par les inconvénients de la gémellité.

Un cas exceptionnel pourrait toutefois être constitué par la situation d'une femme sans enfant, ovariectomisée* et donc sans espoir d'ovulation, ayant bénéficié antérieurement d'une

Convention d'Oviedo:
Convention pour la protection des droits de l'homme et de la dignité de l'être humain à l'égard des applications de la biologie et de la médecine.

Blastomère:
les cellules constituant le zygote.

Ovariectomisée:
ayant subi l'ablation chrirurgicale d'un ou des deux ovaires.

Cryopréservation: conservation par congélation de manière à préserver les cellules de toute forme d'altération.

Embryon hémizygotique: embryon provenant de la séparation en deux parties du zygote originel.

Transfert nucléaire: technique de clonage. Le noyau d'une cellule somatique de l'animal que l'on désire cloner est transféré dans un ovocyte dont le propre noyau a été éliminé. La cellule résultante est ensuite cultivée pour former un embryon qui sera implanté dans l'utérus féminin.

FIV avec un embryon cryopréservé*. Elle pourrait alors demander une séparation blastomérique, non par fantaisie, mais pour augmenter ses chances si une première tentative de transfert échoue[1].

Devrait-on accéder à une telle demande? Quel argument pourrait-on lui opposer? Si l'on considère les termes mêmes du protocole additionnel, il n'y aurait pas au départ de clonage, mais scission blastomérique au stade zygotique afin d'obtenir une grossesse et un enfant, cet enfant n'étant identique à nul autre, si ce n'est à l'autre partie du zygote, toujours cryopréservé et jusque là non constitué en tant que personne née.

On ne serait en opposition avec ce protocole que si on implantait simultanément les deux parties séparées du zygote originel, et l'on pourrait d'ailleurs se demander en quoi il serait non éthique de réaliser une telle opération destinée à obtenir deux vrais jumeaux, génétiquement identiques, alors qu'on ne trouve rien à redire au transfert de deux embryons dizygotes, ni surtout à la naissance de deux vrais jumeaux spontanés.

Peut-être la rédaction du protocole additionnel n'est-elle pas totalement convaincante à cet égard; il n'est pas exceptionnel qu'une telle rédaction de portée supposée générale, et quelque peu théorique, se heurte aux réalités de la vie.

En revanche, on serait amené à s'interroger sur la légitimité de continuer la cryopréservation de l'embryon hémizygotique* restant, une fois le premier né. On devrait probablement interrompre la congélation. Mais la mère pourrait objecter qu'elle désire le conserver au cas où un accident ou une maladie interromprait la vie du premier enfant. Dans une telle éventualité, serait-il concevable de transférer le jumeau restant? Et dans quel délai après la mort du premier jumeau et en fonction de l'âge de la mère? Ne rencontrerait-on pas alors une situation de déni du deuil pourtant nécessaire? Et une certaine analogie n'apparaîtrait-elle pas avec une autre situation qui sera analysée plus loin, le transfert nucléaire* à partir d'une cellule d'enfant mourant?

En tout cas, alors, le protocole additionnel ne serait pas respecté puisqu'il y aurait identité génétique avec l'enfant mort.

1. Note de l'éditeur: les opinions exprimées dans ce paragraphe et les deux suivants, ne sont pas nécessairement en accord avec l'interprétation généralement donnée du Protocole additionnel.

De même, il serait certainement discutable de continuer la cryopréservation alors que le premier jumeau continue son existence, non seulement parce que la lettre du protocole ne serait pas suivie, mais surtout parce que l'on s'acheminerait vers une situation socialement difficile à vivre: celle de deux jumeaux vrais, issus de la scission d'un même zygote, conçus par les deux mêmes parents, mais dont la naissance serait plus ou moins fortement décalée dans le temps, éventuellement même à la suite de grossesses chez des «mères» gravidiques différente; la première étant la mère génétique, mais la deuxième la compagne, vingt ou trente ans plus tard, de leur procréateur commun.

Connaissant les conséquences socialement et familialement parfois lourdes, liées à la présence d'embryons surnuméraires et donc de jumeaux dizygotes cryopréservés, aux naissances éventuellement décalées, il n'est sûrement pas opportun de compliquer encore les choses en créant des situations comparables mais cette fois avec de vrais jumeaux.

Par ailleurs, cette comparaison avec les gémellités spontanées monozygotes* nous apporte un élément d'information capital, qu'il conviendra de se rappeler lors de l'analyse d'éventuels transferts nucléaires: les vrais jumeaux, au patrimoine génétique identique, ne sont pas, malgré les apparences, des «copies conformes» l'un de l'autre.

Bien entendu, leur morphologie est très semblable et frappe au premier abord (sauf situation très particulière, la gémellité monozygote dite hétérocaryote, où une anomalie génétique est survenue au tout début du développement, faisant par exemple d'un jumeau un trisomique 21 partiel*, ou entraînant un sexe apparent différent).

Mais toutes les études soulignent que si les grands axes embryologiques, morphologiques en particulier, sont identiques, l'épigenèse dans ses divers aspects imprime au développement embryonnaire, puis fœtal, puis infantile, puis adulte, une orientation spécifique; celle-ci s'exercera tout particulièrement sur le système nerveux: comme l'a dit Ch. Salmon,

> «l'utopie simpliste du clonage d'un sujet humain est entachée d'une erreur grossière. Les gènes, à eux seuls, ne suffisent pas à

Gémellités spontanées monozygotes: vrais jumeaux conçus naturellement.

Trisomique 21 partiel: la juxtaposition de lignées cellulaires dont la constitution chromosomique est différente, ce que l'on appelle une mosaïque.

définir la personne. Ce qui fait l'homme et le différencie de l'animal et a fortiori du vivant, c'est l'extraordinaire capacité de ses cellules neuronales à s'émanciper de leur programme génétique, une capacité que ne possède aucune autre espèce» (Salmon, 1998).

Conclusion à retenir pour l'analyse de ce qui va suivre: la gémellité monozygote, phénomène naturel, nous apporte une information souvent négligée, mais d'une importance capitale: deux humains «génétiquement identiques» comme le dit le Conseil de l'Europe, ne sont pas pour autant réellement identiques. C'est faire une faute contre l'esprit que d'assimiler les personnes aux animaux. Même les veaux clonés de l'INRA[1] ont des taches différentes sur leur pelage. Le clonage humain représenté dans sa forme la plus parfaite et la plus naturelle par la gémellité monozygote nous démontre que la «procréation» humaine n'est pas une «reproduction», et que par voie de conséquence les observations animales ne sauraient être automatiquement appliquées à l'être humain.

Le transfert nucléaire

Les recherches menées sur l'animal ont été analysées en détail dans les chapitres précédents. Il suffira donc de rappeler que les deux ou quatre premières cellules (les blastomères) de l'embryon sont ce qu'on appelle totipotentes, c'est-à-dire que chacune d'elles possède dans son génome la capacité de générer un individu entier. C'est ce qui explique la gémellité monozygote. C'est ce qui explique également le diagnostic préimplantatoire qui sera évoqué plus loin.

Schématiquement, on peut dire qu'au début de son évolution chaque blastomère de l'embryon est par lui-même un embryon en puissance, un «embryon potentiel». Il suffit qu'il soit séparé pour le devenir réellement et implanté pour concrétiser sa destinée de «personne potentielle».

Puis, au fur et à mesure de son évolution, ses cellules vont se spécialiser, on dit qu'elles se différencient, dans un sens correspondant à leur destinée finale (déterminée par un mécanisme de sélection encore mystérieux) et donc «perdre» l'aptitude à la totipotence qu'elles possédaient au début. S'agit-il réellement

1. Voir : http://www.inra.fr/

d'une «perte»? En fait non, cette aptitude est simplement masquée, les mécanismes génétiques impliqués sont bloqués, «réprimés». D'où la question fondamentale posée depuis bien longtemps: cette capacité est-elle récupérable? Peut-on «dédifférencier» puis faire «redifférencier» ces cellules?

Cellules somatiques: toutes les cellules à l'exclusion des cellules sexuelles.

On a su rapidement révéler cette aptitude chez des cellules embryonnaires en transférant leur noyau dans le cytoplasme d'un ovocyte dont le propre noyau avait été enlevé, ce que l'on appelle le transfert nucléaire. Mais concernant des cellules embryonnaires, encore très proches des cellules du zygote, cela n'était que peu surprenant.

La surprise fut plus grande lorsque cette capacité fut mise en évidence sur des cellules plus évoluées, des cellules fœtales. Mais un pas gigantesque fut franchi avec la démonstration par l'exemple de Dolly que cette dédifférenciation pouvait être réalisée sur des cellules adultes, capables après transfert de «réactiver» toutes les capacités des cellules originelles, et de les redifférencier secondairement de manière apparemment comparable à celle d'un œuf primitif. Le transfert du noyau d'une cellule adulte quelconque (cellule somatique*) peut donc conduire (sous réserve des échecs qui demeurent nombreux) à la constitution et à la naissance d'un individu dont le patrimoine génétique nucléaire est identique à celui des cellules de l'individu originel; il s'agit donc bien d'un clonage que l'on dénommera reproductif, par fusion (du noyau de la cellule somatique et du cytoplasme de l'ovocyte) ou vertical (puisque l'individu issu du clonage et l'individu originel ne sont pas de même «génération»).

On notera ainsi que toutes les cellules de l'organisme sont des «individus potentiels».

On s'interrogera aussi sur la nature de l'être ainsi «créé»: est-il un embryon puisqu'il peut devenir un fœtus puis un adulte? Ce serait là une définition «conséquentialiste», téléologique de l'embryon. Ou ne l'est-il pas puisqu'il ne résulte pas de la rencontre et de la fusion de deux gamètes?

En tout cas, un point doit être souligné dès maintenant: le taux de succès de cette manipulation est remarquablement faible dans les rares espèces animales où elle a réussi: 1 Dolly née

Télomère: extrémité d'un chromosome. Les télomères sont impliqués dans la régulation de la durée de vie de la cellule.

pour 276 échecs; même en cas de transfert réussi et de développement embryofœtal, une mortalité périnatale extrêmement élevée dont les raisons demeurent encore fort incertaines; au total, une probabilité de succès que l'on peut au mieux situer entre 1 et 4%; et un doute persistant sur l'avenir de tels individus avec, par exemple, des informations contradictoires sur l'évolution des extrémités des chromosomes (les télomères*) dont on sait qu'ils jouent un rôle dans la réduction de la longévité des cellules ou au contraire dans son accroissement, dont la forme la plus extrême est la cancérisation. Tous éléments qui doivent bien entendu être présents à l'esprit lorsque est envisagée l'application à l'être humain.

Dans quelles circonstances pourrait-ce être le cas?

Les circonstances sont innombrables et l'on ne saurait prétendre à l'exhaustivité. Elles seront envisagées en fonction de la motivation plus ou moins explicitement invoquée.

Les scénarios déraisonnables

Le rêve absurde d'immortalité du vieil homme riche et mégalomane

C'est là le thème du remarquable et déjà ancien roman de David Rorvik (Rorvik, 1978). Mais ce rêve est doublement absurde: d'abord parce qu'à la différence de l'amibe qui survit dans la structure de ses «filles», le clonage n'évitera pas la mort du donneur de cellule. Ensuite, et il faudra y revenir, rien ne permet de préjuger de l'identité psychologique du clone et de l'individu originel.

Le désir irrépressible de puissance

Ce désir pourrait se traduire dans la fabrication de légions de clones servant à asseoir le pouvoir d'un «Big Brother» (Levin, 1977).

L'erreur est la même; elle est de croire qu'un tel clonage conduirait à la «fabrication» d'individus humains programmés et prévisibles. Il s'agit d'une interprétation inexacte du rêve de Huxley dans le *Meilleur des mondes* (Huxley, 1932), rêve auquel il est d'ailleurs fréquemment fait allusion. La «prévisibilité» ou «prédétermination» du clone est en général réelle quant à la morphologie, mais erronée quant à la psychologie.

Les légions d'alpha plus, de bêta moins ou d'epsilons ne sont pas composées d'individus morphologiquement identiques les uns aux autres, mais psychologiquement conditionnés à leur fonction et heureux de l'assumer. Ces individus sont ainsi fabriqués à l'inverse des clones, morphologiquement semblables, psychologiquement différents. Ce sont en quelque sorte des «anticlones». Quant aux «légions de clones», y a-t-il lieu de redouter leur déferlement, telles des Panzer du XXe siècle, ou au contraire d'espérer en leur contestation de l'autorité diabolique au nom de laquelle ils furent créés, conduisant à son inévitable effondrement?

Et l'on ne peut s'empêcher de penser que finalement le clonage biologique ainsi envisagé, malgré toutes les critiques légitimes qui s'expriment à son encontre, serait probablement moins grave dans ses conséquences globales et individuelles, sociales et humaines, que bien des «clonages idéologiques» dont le XXe siècle fut le théâtre sanglant.

La motivation à la fois idéologique de puissance et de gloire, mais aussi mercantile

Cette motivation est probablement présente chez ceux qui, ces dernières années, ont annoncé à grand renfort de publicité leur désir ou leur volonté de cloner des êtres humains: depuis Richard Seed à Chicago dont on est sans nouvelle, jusqu'à Severino Antinori de Rome et Panayiotis Zavos de Lexington (Kentucky) dont on ignore où ils réaliseront leurs projets, en passant surtout par les disciples dévoués de l'ex-journaliste sportif Claude Vorilhon, devenu par la grâce d'extraterrestres le gourou de la secte des raéliens; ceux-ci possèdent, il faut le reconnaître, de sérieux atouts: l'ascendant de C. Vorilhon, l'aide d'une scientifique, le Dr Boisselier, et d'autres spécialistes, et surtout la motivation de plusieurs dizaines de jeunes femmes prêtes à donner leurs ovocytes, résolvant ainsi une difficulté matérielle majeure. Mais si l'on imagine la satisfaction qui peut être la leur d'enfanter des clones de Rael, on peut douter de leur disponibilité vis-à-vis des «clients» de la secte. Au demeurant, et pour les mêmes raisons que précédemment, outre les inévitables échecs biologiques, surgiront de non moins inévitables conflits psychosociologiques.

Mercantilisme et délire

Ils s'associent dans l'évocation des clones de prix Nobel, ou de grands compositeurs, en souvenir d'étranges banques de sperme, dont on ne parle d'ailleurs plus; le même argument de totale imprévisibilité des aptitudes psychiques des clones suffit à les rejeter dans le domaine des fantasmes ou des abus de confiance, comme le fut en son temps la vente d'arpents de lune dans quelques officines.

Le sentiment général qui résulte de l'exposé de ces diverses manifestations de l'imaginaire collectif est qu'il faut se garder d'y céder, que ce soit pour les redouter ou pour chercher des arguments dialectiques bien inutiles: comme nous l'avons vu, la similitude des clones et des organismes originels est une vue de l'esprit, il en est de même du risque de mise en péril de la diversité de l'espèce humaine, bien protégée par la présence des bientôt 8 milliards d'être humains, du risque de consanguinité et, comme nous l'avons vu également, de la critique du caractère inadmissible de la prédisposition artificielle; on notera qu'elle est pourtant mise en œuvre par ses aspects négatifs lors du diagnostic prénatal; on soulignera surtout qu'elle ne concerne pas ce qui fait véritablement l'être humain, son fonctionnement cérébral, ses capacités intellectuelles et ses sentiments, certains diront son âme.

Reste la mise en cause de sa dignité, par l'instrumentalisation dont l'embryon humain ferait l'objet. Mais qu'est-ce que la dignité? Pour l'heure, contentons-nous d'admettre qu'elle n'a pas de prix, qu'elle ne s'achète pas. N'est-ce pas le cas de la vie, vie d'un être cher, vie d'un enfant, présence d'un enfant? C'est ce qu'il nous faut maintenant envisager.

Des scénarios très discutables et qui méritent d'être discutés

La mort prévue d'un être cher, par exemple le conjoint

La tentation est forte, on le comprend, de le faire «revivre», de le «recréer», de nier la mort. Rêve fou et impossible dont les conséquences éventuelles doivent être lucidement analysées: l'homme va mourir, on prélève une cellule, on transfère son noyau dans le cytoplasme d'un ovocyte énucléé de sa femme, on obtient un embryon que l'on essaie d'implanter dans l'utérus, le succès est obtenu, la grossesse se poursuit et la femme accouche d'un être qui est le clone de son mari, c'est-à-dire qu'il est à la fois son époux et son enfant, sans être tout à fait l'un ni tout à fait l'autre. Il n'est pas son enfant puisque à part le séjour de neuf mois dans son utérus il n'a rien d'elle, en particulier du point de vue génétique. Mais elle l'allaitera et l'élèvera comme son enfant. Et lorsqu'il grandira, pourra-t-elle éviter de retrouver en lui ce qui l'a attirée au temps de sa jeunesse? Acceptera-t-elle facilement qu'il rejoigne alors la femme qui lui rappellera celle qu'elle a été autrefois. Bien qu'il ne soit pas le même, qu'il ait vingt ou trente ans de moins, que l'épigenèse ait exercé son influence, pourra-t-elle éviter de rechercher et de retrouver celui qu'elle a perdu? Dans une telle situation au parfum d'inceste et de frustration, quel rêve peut s'accomplir? Le rejet s'impose.

La mort prévue d'un autre être cher, mais cette fois-ci d'un enfant

Quelques praticiens ont soutenu qu'il s'agissait là d'une indication humainement compréhensible du clonage. A l'inverse, nombreux sont les psychologues et sociologues qui ont insisté sur le caractère illusoire, et pour tout dire dangereux, de la recherche de l'«enfant de remplacement» et sur la nécessité du travail de deuil.

Il existe des exemples de telles tentatives de remplacement, par exemple celle du Dr Antinori recourant au don d'ovocyte pour permettre à une sexagénaire d'accoucher après la mort accidentelle d'un enfant de près de 20 ans. Apparemment sans effet délétère, au moins immédiat. Mais cet enfant de remplacement fut, et pour cause, très différent de l'enfant disparu. Qu'en serait-il s'il s'agissait de son clone? Serait-ce une circonstance apaisante ou au contraire aggravante, et ce d'autant que ce clone, tout en étant semblable, serait différent, au moins psychologiquement?

Situation ambiguë dont une justification pourrait être trouvée dans une circonstance très particulière, celle où la mère pour des raisons diverses serait dans l'incapacité de concevoir à nouveau, par exemple en raison d'une ovariectomie. Serait-il justifié de faciliter chez elle une nouvelle grossesse et l'accouchement d'un enfant ressemblant au disparu, ou préférable de recourir, si on le peut, à un don d'ovocyte, ou de faire en sorte qu'elle abandonne projets, espoirs et illusions?

En tout cas, un argument critique, parfois invoqué, apparaîtrait peu convaincant, celui de l'instrumentalisation de cet enfant pour assouvir un fantasme de maternité. Ou alors il faudrait se laisser aller aussi à une analyse lucide du désir de procréation, en toute circonstance, et par exemple lorsqu'une femme conçoit, naturellement ou non, un enfant pour que le sang de son cordon serve au traitement d'un aîné, atteint de leucémie. L'argument de l'instrumentalisation et de l'utilitarisme condamnables est à manier avec précaution.

La stérilité masculine incurable

Le problème se situe ici entre les deux précédents. On comprend la motivation du couple, surtout à un moment où de plus en plus la stérilité masculine peut être palliée dans ses conséquences, accroissant le sentiment d'injustice lorsqu'elle apparaît aujourd'hui irrémédiable. L'enfant serait celui du couple, comme le clone de l'enfant disparu. Il bénéficierait d'un environnement parental a priori favorable, même s'il ne serait pas génétiquement lié à sa mère, comme dans le cas d'un don d'ovocyte. Mais il serait comme dans le cas du mari mourant le clone de ce mari; on pourrait certes soutenir que la présence du «procréateur», plus impliqué que le mari qui, dans les mêmes circonstances, aurait accepté une insémination artificielle avec donneur, plus impliqué même qu'un vrai père, assurerait un certain équilibre au sein du couple. Mais à l'inverse, quelles conséquences n'est-il pas légitime de redouter: l'ambiguïté de la relation entre génitrice et clone du mari, l'ambiguïté du regard porté par le procréateur sur cet autre lui-même, reflet de sa jeunesse disparue, l'ambiguïté du regard porté par le clone devenu adulte sur son procréateur, image peut-être accablante de sa vieillesse prochaine.

Mais est-il légitime de focaliser l'attention sur le recours au clonage dans le cadre de la lutte contre les conséquences de l'infertilité? Alors qu'apparaissent les prémices de nouvelles possibilités médicales: non seulement la maturation *in vitro* de cellules germinales, mais aussi la méiose artificielle évoquée il y a bien longtemps par G. David (Sureau, 1999) et qui a pour but de construire une cellule à 23 chromosomes, donc «haploïde», donc fécondante ou fécondable, à partir d'une cellule à 46 chromosomes, diploïde, soit germinale*, soit même somatique (Palermo, 2001). Peut-être pourra-t-elle représenter un jour l'ultime thérapeutique des stérilités incurables. Elle posera certes d'autres problèmes, très probablement plus complexes encore, entre autres celui du *sex ratio,* de son déséquilibre potentiel et de ses conséquences sur la démographie (Caselli et Vallin, 2001) mais videra de sa substance la discussion idéologique du clonage reproductif.

Cellules germinales: cellules conduisant à la formation des ovules et des spermatozoïdes (cellules sexuelles, ou gamètes).

Mitochondrie: élément de la cellule, hors du noyau, contenant un petit génome, et produisant de l'énergie.

En somme ce clonage qui suscite les inquiétudes que nous avons notées au sujet de l'identité, de la singularité, de la diversité des clones, des motivations et fantasmes des demandeurs, individus, couples ou sectes, des atteintes qu'il pourrait porter à la loterie génétique et à la dignité de l'être humain, mérite surtout les plus expresses réserves du fait de ses conséquences médicales, et psychosociales.

Plus qu'à quelque critique idéologique, c'est à une telle réserve pragmatique qu'il doit légitimement conduire.

Quelques scénarios particuliers

La pathologie mitochondriale

Il s'agit d'une anomalie des gènes, non du noyau, mais des mitochondries*. Cette pathologie entraîne, lorsque l'ovocyte est fécondé, des conséquences graves souvent mortelles pour l'enfant et sans thérapeutique possible.

Dans une telle circonstance, la seule attitude est actuellement le don d'ovocyte, avec sa conséquence, la non-participation de la mère à l'hérédité génétique de son enfant. Une alternative pourrait être une fécondation de l'ovocyte de la femme transmettrice par le sperme de son conjoint, suivie du transfert du noyau de l'un des blastomères de l'embryon ainsi obtenu dans l'ovocyte énucléé d'une femme indemne et l'implantation de ce «néo-embryon» dans l'utérus de la femme transmettrice. Il ne s'agirait certes pas d'un clonage puisque cet embryon transféré serait unique, mais d'une utilisation médicalement justifiée de la technique du transfert nucléaire.

Les réservoirs d'organes

La création procréative de clones afin de constituer des réservoirs d'organes est un fantasme très répandu. Il est bien sûr insoutenable et, d'ailleurs irréaliste, car qui serait le clone et donc le réservoir d'organe de qui?

La création d'embryons par transfert nucléaire suscite en revanche une réflexion scientifique et idéologique précise. Il s'agit ici de créer des embryons par clonage pour obtenir, à partir de leurs cellules prélevées au stade blastocyste, des «lignées», différenciées de manière variée et utilisables en clinique humaine soit comme telles soit pour réaliser par leur association de véritables néo-organes de remplacement. Non sans humour, G. David (David, 2001) a noté que si rêve d'immortalité il y a, et bien que fort chimérique, il réside plus dans l'utilisation de ce clonage à visée thérapeutique que dans le clonage à objectif reproductif.

Le diagnostic préimplantatoire

Il est souvent présenté comme une sorte de biopsie permettant, en cas de risque de transmission d'une anomalie génétique, de sélectionner les embryons indemnes et de les transférer; le but étant d'éviter le diagnostic prénatal avec son attente angoissante et la lourdeur traumatisante d'une interruption de grossesse. Ce n'est pas le lieu de discuter ici de ses avantages et de ses inconvénients. Il est opportun en revanche de souligner que cette interprétation est quelque peu biaisée: il est rare, en effet, qu'une «biopsie» porte sur le quart ou la moitié du corps de l'individu biopsié, ce qui est le cas puisque sont analysées et donc détruites 1 à 2 cellules sur 2 à 8.

En fait, il faut reconnaître que le diagnostic préimplantatoire correspond concrètement à une forme particulière de clonage par scission blastomérique où l'un des blastomères (qui, par définition, aurait pu se développer et constituer un individu) est sacrifié pour savoir si son jumeau artificiel est ou non indemne. Il s'agit au fond d'un clonage horizontal diagnostique, aujourd'hui accepté et légalisé. Ce qui montre qu'il convient de bien réfléchir avant de prononcer des anathèmes.

Transgenèse et thérapie génique germinale*

Transgenèse: ensemble des opérations qui consistent à obtenir des organismes transgéniques.

On sait que l'une des applications essentielles du clonage animal est la transgenèse (Houdebine, 2001). On sait aussi que toute modification du patrimoine génétique d'un individu est proscrite par l'article 13 de la Convention d'Oviedo. Le Parlement français aura d'ailleurs la tâche délicate d'harmoniser cette disposition avec l'article 16.4 du Code civil (loi 653-94) qui prévoit l'éventualité d'une telle modification dans le cadre de la recherche sur la prévention des affections héréditaires. Il apparaît ainsi que, tôt ou tard, mais probablement dans un délai assez lointain étant donné l'importance des obstacles, on admettra la légitimité de «manipulations» génétiques susceptibles non seulement d'empêcher la manifestation d'une anomalie transmissible, mais aussi sa transmission elle-même, en ayant recours à l'expérience animale de la transgenèse sur des cellules embryonnaires clonées.

Une telle «manipulation» tombera-t-elle sous le coup du protocole additionnel? Il ne le semble pas au premier abord puisqu'il s'agira de corriger une anomalie, et donc de créer un individu dont le patrimoine génétique sera différent de celui de l'individu originel; mais on devra se poser la question de la légitimité d'effectuer ce clonage avec tentative de transgenèse sur plusieurs cellules simultanément.

Les divers «scénarios» de ce clonage à objectif de reproduction montrent bien qu'il s'agit plus d'un fantasme de société que d'un risque véritable pour l'humanité. Peut-être de tels clonages ont-ils déjà été réalisés dans quelques lieux discrets, et il faut reconnaître que, si c'est le cas, l'équilibre du monde en a été moins bouleversé que par les événements politiques, sociaux, économiques, voire météorologiques, qui retiennent tous les jours notre attention.

Les réserves les plus expresses sont d'une manière générale parfaitement légitimes quant à une telle pratique. Leurs raisons tiennent essentiellement aux risques médico-scientifiques, que révèle l'expérience animale, et aux possibles conséquences individuelles, psychologiques et familiales que la simple expérience clinique permet de redouter. Elles sont infiniment plus convaincantes que les spéculations théoriques, empreintes d'idéologie et de dogmatisme, sur la nature et le statut de l'embryon.

Bibliographie

Caselli, G. et Vallin, J., «Une démographie sans limite», in *Population 56,* INED éditions, 2001.

David, G., «Quel rêve derrière le clonage? reproduction ou immortalité», in Jacub Marcela et Jouannet Pierre, *Juger la Vie,* Editions de La Découverte, 2001, Eds., pp. 204-218.

Houdebine, L. M., *Transgenèse animale et clonage,* Dunod, Paris, 2001.

Huxley, A., *Le meilleur des mondes,* 1932 (nouvelle édition, Pocket Jeunesse, Paris, 2001).

Levin, I., *Ces garçons qui venaient du Brésil,* 1976 (nouvelle édition, Robert Laffont, Paris, 1992).

Palermo, G., *Livre des communications,* ESHRE (European Society of Human Reproduction and Embryology), Oxford, 2001.

Rorvik, D., *A son image,* Grasset, Paris, 1978.

Salmon, Ch., *Des groupes sanguins aux empreintes génétiques,* coll. «Dominos», Flammarion, Paris, 1998.

Sureau, C., 1999, *Alice au pays des clones,* Stock, (Paris, 1999, J'ai lu, 2000).

Le clonage reproductif humain intrinsèquement mauvais?

par le professeur Egbert Schroten

La naissance de Dolly en 1996, le premier mammifère cloné par transfert nucléaire de cellules somatiques, a soulevé beaucoup d'inquiétudes de la part du public, et par conséquent du monde politique. Dès que le Roslin Institute en Ecosse a annoncé cette avancée biotechnologique[1], Bill Clinton, le Président des Etats-Unis d'Amérique, a chargé le National Bioethics Advisory Committee (NBAC) de lui présenter un rapport[2], en seulement trois mois, sur les conséquences. En outre, Jacques Santer, le Président de la Commission européenne, a demandé au Groupe de conseillers pour l'éthique de la biotechnologie (GCEB) de rédiger un avis sur les aspects éthiques des techniques de clonage[3]. Au niveau national, de nombreux gouvernements ont agi de même et de nombreuses Eglises ont également exprimé leur inquiétude, d'un point de vue éthique et théologique. Il est intéressant de noter que les débats publics ont immédiatement porté sur le clonage humain. C'est encore le cas, bien que les aspects éthiques et sociaux du clonage animal fassent également l'objet de débats. Les débats sur le clonage humain sont déclenchés par des personnes comme le médecin italien Severino Antinori et la biochimiste française Brigitte Boisselier, directrice scientifique de Clonaid, qui a déjà fait des tentatives pour créer des clones humains. Toutefois, dans le monde entier, il existe une forte tendance à bannir le clonage humain, car il est considéré comme moralement inacceptable. Des lois et des réglementations ont été et sont en cours d'élaboration, et, récemment, la France et l'Allemagne ont entrepris une action visant à préparer un traité des Nations Unies pour interdire le clonage humain (voir chapitre «Vers une interdiction mondiale du clonage humain?», par M. André Albert).

Même si ces réactions et beaucoup d'autres peuvent avoir un aspect émotionnel, il est intéressant de noter que l'inquiétude du public ne doit pas être qualifiée de «simplement émotionnelle». En ce qui concerne l'éthique, les réactions émotionnelles

1.
http ://www.roslin.ac.uk/

2.
Bien que la charte du NBAC ait expiré le 3 octobre 2001, les informations sur son rapport, ses conclusions et ses réunions sont accessibles à http ://bioethics.georgetown.edu/nbac/

3.
http ://europa.eu.int/comm/european_group_ethics/gaieb/fr/biotec02.htm et http ://europa.eu.int/comm/european_group_ethics/gee1_fr.htm

Division embryonnaire: division d'un seul embryon en jumeaux ou en quadruplés.

1. J'utiliserai ici deux avis du Groupe de conseillers pour l'éthique de la biotechnologie (GCEB), qui est devenu ultérieurement le Groupe européen d'éthique pour les sciences et les technologies (GEE). J'ai été membre de ces deux groupes jusqu'à récemment, en l'occurrence du groupe qui a préparé l'Avis n° 9 sur les aspects éthiques des techniques de clonage (mai 1997) (http ://europa.eu.int/comm/european_group_ethics/gaieb/fr/biotec12.htm) et le groupe qui a élaboré l'Avis n° 5 sur les aspects éthiques de la recherche sur les cellules souches humaines et leur utilisation (novembre 2000) (http ://europa.eu.int/comm/european_group_ethics/avis_fr.htm).

2. Pour éviter une confusion : cela ne signifie pas que le clonage animal n'est pas moralement problématique. Au contraire ! Voir, par exemple, l'Avis n° 9 du GCEB, paragraphes 2.1-2.3.

constituent des éléments intéressants. Qu'est-ce qui provoque l'inquiétude, la colère, la joie, la fierté, ainsi que d'autres réactions de ce type des individus? C'est parce qu'ils estiment que certaines valeurs sont en jeu. Les émotions sont des «marqueurs de valeurs» et l'éthique a pour rôle d'analyser et de placer ces valeurs à un niveau tel que nous puissions en débattre. A cet égard, un moraliste peut être comparé à un psychanalyste, qui fait ressurgir les valeurs, les principes et les normes présents, plus ou moins consciemment, chez une personne, une communauté, une société, une culture, et tente de les placer à un niveau où ils peuvent être débattus de façon rationnelle.

Ainsi, le clonage est apparemment considéré comme un problème moral. Dans ce chapitre, je souhaite en étudier la raison et analyser certains des principaux arguments. Mais, avant tout, il est important de définir clairement ce dont nous parlons. Par conséquent, je souhaite faire quelques remarques préliminaires sur le clonage et l'éthique[1]. Le clonage est une technique qui consiste à produire des organismes génétiquement «identiques». J'ai mis des guillemets à «identiques» car les organismes ne sont jamais totalement identiques, comme on peut l'observer dans le cas de jumeaux monozygotes. Pour éviter toute confusion, il serait par conséquent préférable d'éviter le terme «identique» dans ce contexte et de parler en termes de «similarité». Le clonage peut impliquer une division embryonnaire*, ou le transfert d'un noyau de cellule (somatique), auquel cas les gènes du noyau sont «identiques», tandis qu'un petit nombre de gènes hors du noyau de la cellule (les gènes mitochondriaux*) ne le sont pas. Je n'évoquerai pas davantage ici la technique du clonage, car il en est question ailleurs dans cet ouvrage. Il suffit de dire que cette technique en est encore au stade expérimental, ce qui, entre parenthèses, nous donne l'occasion de prendre le temps de réfléchir à la question.

Je souhaite me concentrer sur la question du clonage par le biais du transfert nucléaire de cellules somatiques (TNCS) dans le contexte de la reproduction humaine[2]. Il est important de faire une distinction claire entre le clonage reproductif qui vise à créer des individus humains (similaires) et ce que l'on appelle le «clonage thérapeutique» dans lequel la technique de transfert du noyau est utilisée pour obtenir des cellules souches d'embryons (humains) à des fins thérapeutiques. Les cellules souches sont des cellules qui ne sont pas (encore) entièrement différenciées et par conséquent peuvent reconstituer un ou plusieurs type(s) de tissu. Le défi consiste à être capable de contrôler la différenciation de ces cellules souches humaines. Si ce type de recherche devient faisable, elle sera d'un grand intérêt pour la biologie du développement de base et ce qui en découle, mais également pour la transplantation thérapeutique*, par exemple dans le cas de maladies cardiaques, de diabète, d'hépatite, de maladies de Parkinson, de brûlures et de certaines formes de cancer. Par conséquent, il n'est pas surprenant qu'il existe, au sein de la communauté scientifique, une forte pression pour intensifier ce type de recherche prometteuse.

Gènes mitochondriaux:
petit nombre de gènes présents hors du noyau dans les mitochondries, petits organites intracellulaires produisant de l'énergie.

Transplantation thérapeutique:
greffe, dans un but thérapeutique, de tissu obtenu par la culture de cellules souches *in vitro*.

Toutefois, comme je l'ai dit, je souhaite me concentrer sur le premier type de clonage, à savoir le TNCS dans le contexte de la reproduction humaine, et de ce fait j'évoquerai le clonage reproductif uniquement en cas de recoupement d'un point de vue éthique. Mais, avant cela, nous devons déterminer ce que signifie l'éthique. L'éthique porte sur la réflexion morale systématique. Plus précisément, il s'agit de réfléchir sur ce que nous devons et ne devons pas faire, et pourquoi. Ces réflexions sont effectuées de façon systématique, c'est-à-dire méthodologique, à la lumière de la théorie morale, un cadre plus ou moins logique de principes, normes, valeurs et vertus. Toutefois, ne nous méprenons pas. L'éthique, en particulier l'éthique appliquée (par exemple la bioéthique), ne porte pas uniquement sur les normes, mais également sur les faits et les concepts. Si nous nous trouvons dans une situation problématique, par exemple le clonage humain, et la question de ce qui doit (ou pas) être fait, nous devons clarifier ce que nous entendons par le concept de clonage humain tout en obtenant des informations sur ce qui est «à la pointe du progrès» dans le domaine de la technologie biomédicale, c'est-à-dire ce qui se passe et les éventuelles conséquences pour la société. Il est indispensable de clarifier ce sujet et d'obtenir de plus amples informations si nous envisageons d'étudier quels sont les principes moraux, les normes et valeurs applicables, et de quelle manière ils sont applicables.

La clarification conceptuelle peut être considérée comme un exercice philosophique typique, mais l'analyse d'une situation problématique ne l'est pas nécessairement. Etant donné que les informations factuelles sont indispensables pour un moraliste, il est clair que l'éthique appliquée (comme l'éthique médicale ou bioéthique) est une entreprise multidisciplinaire. Pour les informations factuelles, un moraliste a besoin de l'aide d'experts dans d'autres disciplines (par exemple la biologie et la biomédecine). Ce n'est pas toujours aussi facile que cela paraît car il n'existe pas – en pratique – de «faits bruts». L'*interprétation* des informations factuelles joue un rôle important dans la communication entre la science et l'éthique, et même si toutes deux s'accordent sur l'interprétation d'un état de chose, il peut exister une différence dans l'évaluation morale, car nous vivons dans une société pluraliste, ce qui signifie, pour le moins, qu'il n'y a pas un cadre unique de principes, normes, valeurs et vertus. Dans ce que l'on appelle la société postmoderne, les individus choisissent de mener des modes de vie différents et justifient leurs choix (le cas échéant) par des arguments différents.

Toutefois, sans nier les questions de pluralisme, ces problèmes ne doivent pas être exagérés, certainement pas en Europe. La culture européenne est fondée sur la tradition judéochrétienne et humaniste. Je n'affirme pas qu'il s'agit d'une voie exclusive; je l'utilise plutôt comme une base pour indiquer où nous devons chercher les racines de notre tradition culturelle. Pour autant que je puisse en juger, il existe un recoupement important dans les valeurs humanistes/chrétiennes et musulmanes, qui doit être davantage pris en compte par la politique des pouvoirs publics. C'est la raison pour laquelle je souhaite souligner que le pluralisme n'est pas tellement une question d'avoir des valeurs totalement différentes, mais plutôt une question d'accorder des priorités différentes à des valeurs. En ce qui concerne l'euthanasie par exemple, le mouvement «pour la vie» ne nie pas l'importance de la liberté et de la responsabilité de l'être humain, et le mouvement «pour le choix» ne nie pas l'importance de la protection de la vie humaine, mais les deux groupes sont en désaccord quant aux valeurs qui doivent avoir priorité. Il en va de même pour de nombreux dilemmes moraux dans le domaine de la biotechnologie. Il existe, du moins dans notre culture, un partage fondamental des principes de base, normes, valeurs et vertus qui créent une base commune pour un débat éthique. C'est pour cette raison, par exemple, que l'article 7 du 5e programme-cadre de la Communauté européenne pour des actions communautaires de recherche, de développement technologique et de démonstration (1998-2002[1]), qui requiert une conformité aux principes éthiques fondamentaux, est peut-être vague mais non dénué de sens. A mon avis, en tout cas, c'est la raison pour laquelle il est important de se référer parfois à (des arguments tirés de) la tradition culturelle et religieuse occidentale.

Objections éthiques

Après ces quelques remarques d'introduction sur le clonage et l'éthique, il me semble qu'il est temps de poser la question suivante: Pourquoi le clonage humain est-il considéré comme un problème éthique? Je souhaite prendre comme point de départ l'Avis n° 9 du GCEB publié en mai 1997. A propos du clonage humain reproductif, le groupe déclare:

> «2.6. En ce qui concerne le clonage reproductif, de nombreuses raisons ont été avancées pour le justifier, depuis des raisons de nature franchement égoïstes (le millionnaire âgé en quête d'immortalité) jusqu'à des motifs apparemment acceptables (le couple cherchant à compenser la perte d'un enfant ou recherchant un donneur totalement compatible pour un enfant mourant, ou la volonté de perpétuer des talents artistiques ou intellectuels extraordinaires). L'instrumentalisation de l'homme, voire le danger d'eugénisme liés au clonage reproductif le rendent éthiquement inacceptable. En outre, l'importance des risques potentiels attachés à la réalisation de cette technique, du point de vue de son innocuité, constitue une autre objection éthique à son encontre. A la lumière de ces considérations, toute tentative pour faire naître un être humain génétiquement identique par transfert nucléaire à partir d'une cellule humaine – d'adulte ou d'enfant – («clonage reproductif») doit être interdite.
>
> 2.7. Les objections éthiques mentionnées ci-dessus à l'encontre du clonage reproductif doivent également conduire à interdire toute tentative d'obtention d'embryons génétique-

1. http://europa.eu.int/comm/research/fp5.html

Recherche non thérapeutique: recherche n'ayant pas pour but de guérir ou de soulager une maladie.

ment identiques dans le cadre de la procréation médicalement assistée, que ce soit par division d'embryon ou par transfert nucléaire quelque compréhensible que puissent apparaître les motivations d'une telle utilisation de la technique.

2.8. A fortiori, le recours au clonage pour produire plusieurs individus doit être considéré comme inacceptable (...)

2.9. Considérant les vives controverses éthiques auxquelles donne lieu la recherche sur l'embryon humain, il conviendrait de veiller à ce que, dans les pays où la recherche non thérapeutique cognitive sur l'embryon est admise sous régime d'autorisation, tout projet de recherche prévoyant un transfert nucléaire, d'une part, ait pour objet, soit d'élucider les causes des maladies humaines, soit de contribuer à la recherche de l'allègement des souffrances humaines, et, d'autre part, exclue aussi toute réimplantation de l'embryon dans l'utérus.

2.10. La Communauté européenne devrait exprimer sa claire condamnation du clonage reproductif humain en la mentionnant dans les textes et règlements appropriés en cours d'élaboration...».

Ce que nous voyons dans cet avis est une condamnation claire du clonage humain reproductif et des conseils adressés à la Communauté européenne sur la façon d'exprimer cette condamnation dans ses mesures politiques. Le clonage dans le contexte de la recherche non thérapeutique* est autorisé sous condition dans certains pays, mais uniquement dans le cadre d'une réglementation stricte. Cette position a une implication singulière: elle implique que l'utilisation de la technique de clonage dans la recherche non thérapeutique est autorisée dans les pays qui l'autorisent et non autorisée dans les pays qui l'interdisent. Cela peut être une affirmation politique sage, mais d'un point de vue éthique ce n'est pas très satisfaisant. La seconde remarque est que les arguments contre le clonage humain peuvent être divisés schématiquement en deux types:

- pratiques (ou utilitaires), considérant la fin et les conséquences;
- fondamentaux (ou déontologiques), considérant les normes et les principes.

Les arguments pratiques pourraient être résumés par le fait que le clonage humain est trop risqué, car la technique n'en est qu'à ses débuts. Je suis tout à fait d'accord avec cette idée, car il est important d'être réaliste. Dolly est née après seulement près de 300 essais. La technique pourrait, bien entendu, être améliorée, mais là encore nous aurions besoin d'un trop grand nombre d'embryons humains, et nos connaissances sur les implications pour l'embryon en développement et l'enfant à naître sont très limitées. Cela vaut également pour nos connaissances sur les aspects sociaux, éthiques et religieux. Conformément à la règle classique *in dubiis abstine* (dans le doute abstiens-toi) et pour des raisons de sécurité, de nombreuses personnes, y compris dans la communauté scientifique, demandent la mise en place d'un moratoire sur le clonage humain reproductif. Il est nécessaire d'effectuer beaucoup plus de recherches avant de penser à passer au clonage humain par TNCS.

Mais supposons que le clonage devienne faisable et sans danger, pas absolument sans danger bien entendu, car c'est impossible en pratique, mais disons aussi sûr que la fécondation *in vitro* (FIV) en général. Nous sommes alors de nouveau confrontés aux arguments fondamentaux. L'avis cité ci-dessus évoque des raisons «apparemment acceptables» et «inacceptables», et des «considérations d'instrumentalisation». Outre ce qui est affirmé dans l'avis, on pourrait, en ce qui concerne les raisons, souligner le fait que dans le domaine de la science et de la technologie, la recherche pour savoir comment et pourquoi quelque chose fonctionne, et l'objectif de découvrir et d'élaborer de nouveaux domaines de recherche sont présents en permanence. Dans la perspective du clonage humain, on peut se trouver face à plusieurs raisons[1] dont celles-ci:

- stérilité (et par conséquent le désir de descendants);
- désir d'avoir un enfant pour remplacer un autre décédé;
- désir d'avoir un enfant pour fournir des organes ou des tissus à un proche, car cela réduirait considérablement le risque de rejet;
- désir d'avoir un clone de soi-même (cela pourrait être très décevant car le clone ne sera certainement pas la même personne);

1. Voir Boer, Theo, «Het kloneren van mensen. Een theologisch-ethisch commentaar» («Clonage humain : commentaires d'un point de vue de l'éthique théologique»), *in* Koelega, Dick G. A. et Drees, Willem B., *God & co ?. Geloven in een technologische cultuur (Dieu et compagnie ? La foi dans la culture technologique)*, Kampen/Driebergen, Kok/MCKS, 2000, pp. 179-199.

- désir intense d'obtenir un clonage multiple (dans l'optique de *Ces garçons qui venaient du Brésil*[1]); et
- désir d'accroître la qualité des descendants, par exemple en ce qui concerne leur santé, leur intelligence ou leur beauté (eugénisme).

Si l'on se penche sur les publications dans ce domaine, on pourrait dire que l'un des arguments fondamentaux contre le clonage humain est qu'il est souvent considéré comme une violation de «l'ordre de la nature» en général et de la dignité humaine en particulier. Dans ce contexte, le statut moral de l'embryon humain est utilisé comme un argument contre le clonage humain. Ces arguments visent à soutenir le rejet total du clonage humain, car il est considéré comme intrinsèquement mauvais. Je souhaite développer davantage ces arguments fondamentaux contre le clonage humain reproductif, car si nous devons dire «non» en principe, nous devons également dire «non» en pratique.

Une violation de la dignité humaine ?

La question est donc la suivante: le clonage humain reproductif constitue-t-il une violation de la dignité humaine? La première chose à dire est que la «dignité humaine» reste un concept plutôt vague. Pourrions-nous être plus précis en ce qui concerne sa signification? Afin de répondre à cette question, je me référerai à l'analyse de Gilbert Hottois dans la *Nouvelle encyclopédie de bioéthique*[2]. En référence au philosophe Kant, l'auteur mentionne trois caractéristiques importantes de la dignité humaine, très proches les unes des autres, à savoir, *autonomie, identité* ou *singularité,* et *subjectivité* ou *liberté.* Se concentrant sur deux raisons, mentionnées ci-dessus, à savoir la stérilité, et le désir de remplacer un enfant décédé, sa question essentielle est de savoir si le clonage humain reproductif implique nécessairement la négation de la singularité (ou identité), l'autonomie et la subjectivité (ou liberté) du clone.

En ce qui concerne la question de l'identité ou singularité, ses arguments commencent par souligner un point qui a déjà été évoqué plus haut, à savoir que le(s) clone(s) et sa (leur) source(s) ne sont pas biologiquement identiques. En raison de

1. Voir Levin, I., *Ces garçons qui venaient du Brésil*, 1976 (nouvelle édition, Robert Laffont, Paris, 1992).

2. Hottois, Gilbert et Missa, Jean-Noël, avec la collaboration de Pinsart, Marie-Geneviève et Chabot, Pascal, *Nouvelle encyclopédie de bioéthique*, De Boeck Université, Bruxelles, 2001 : «Clonage humain reproductif».

l'ADN mitochondrial et des interactions entre les gènes, ainsi qu'entre les gènes et leur environnement, pendant le développement du clone, susceptibles d'entraîner des mutations, il y aura des différences, comme nous pouvons l'observer chez les jumeaux monozygotes. Par conséquent, j'ai déjà suggéré de parler de «similarité» plutôt que d'employer le terme «identique». Qui plus est, cette similarité, aussi importante soit-elle, peut être considérée uniquement comme une partie de «l'identité» de l'individu, car l'individualité d'un humain est également façonnée par des facteurs psychologiques, sociaux et culturels. Dans le cas du clonage, cet aspect sera encore amplifié par la différence d'âge entre le clone et sa source. Selon Hottois, le problème de l'identité individuelle dépend en grande partie de la façon dont le clone est accepté par sa famille et la société, et la façon dont se perçoit le clone en conséquence de cela.

Le clonage reproductif implique-t-il une négation de l'autonomie humaine? Ici, Hottois évoque la peur que les clones soient utilisés à des fins instrumentales et admet que l'on pourrait imaginer certains cas où cette crainte serait justifiée, en l'occurrence lorsque les clones seraient utilisés comme de simples réservoirs d'organes ou comme matériel pour un projet eugénique. Toutefois, il souligne qu'il se concentre sur les raisons susmentionnées pour le clonage reproductif. Il fait observer que ces cas ne diffèrent pas beaucoup des situations normales, dans lesquelles les parents ont des idées sur (le futur de) leurs enfants, ont une influence sur eux en les éduquant, en les scolarisant et ainsi de suite. Nous savons tous qu'il existe des excès également dans ces situations, par exemple l'endoctrinement. En résumé, l'aspect instrumental est toujours présent dans une certaine mesure dans les relations humaines, même dans le cadre de l'amitié et de l'amour. Cela n'empêche pas les êtres humains de devenir des sujets autonomes. Le mal n'est pas dans la technologie elle-même mais dans la façon dont nous l'utilisons et la manière dont nous traitons nos congénères. Kant, dans sa fameuse maxime, ne nie pas les aspects instrumentaux dans la situation humaine, mais il affirme que nous devons établir des rapports avec les autres êtres humains non seulement comme des moyens mais également comme des fins. Il n'y a aucune raison de penser que le clonage reproductif impliquerait nécessairement l'impossibilité pour les clones de devenir des sujets autonomes.

Mais n'existe-t-il pas toujours une violation de la liberté et de la subjectivité humaine en raison de l'élimination de la «loterie» génétique en reproduction avec son inexorable incertitude, qui peut être considérée comme une protection de l'être humain? Hottois souligne que certaines présuppositions ne peuvent être soutenues dans cet argument. En premier lieu, citons la suggestion que le clonage, contrairement à la reproduction sexuée, implique une forme de déterminisme. Il rejette cette suggestion en se référant aux arguments qu'il utilise dans le contexte de la question de l'identité ou singularité. Ces arguments sont valables également en ce qui concerne l'idée que la personnalité d'un clone serait la copie conforme de celle de sa source. Il souligne que le développement d'un clone, en tant que sujet humain libre, dépend largement des contextes de la famille et de la société dans laquelle il vit. Il rejette également la présupposition selon laquelle la liberté humaine dépend de l'indéterminisme, dans ce cas la «loterie» génétique, ce qui impliquerait que toute intervention dans cette «loterie» constituerait une violation de la liberté humaine. Dans la tradition philosophique occidentale, il existe une vive discussion sur la question de la liberté et de l'indéterminisme ou déterminisme, et l'on pourrait (et peut-être devrait) en dire plus que ce que ne fait Hottois, par exemple en prenant en compte l'importance de la corporalité humaine (finitude) pour la liberté humaine. Toutefois, il a raison d'affirmer que la liberté et la raison humaines sont étroitement liées et qu'il n'est pas correct (Hottois utilise les termes «absurde» et «contradictoire») de suggérer que la liberté humaine dépend de l'indéterminisme.

Hottois souligne que son analyse ne doit pas être considérée comme une justification du clonage. Il se prononce contre l'objection selon laquelle le clonage humain reproductif constitue une violation de la dignité humaine, point sur lequel je le rejoins. On peut imaginer des cas où le clonage constitue effectivement une violation de la dignité humaine, mais ce n'est pas systématique. Toutefois, Hottois ne tient pas compte dans son article de la question du statut moral de l'embryon humain, qui fait souvent l'objet de discussion dans ce contexte également. Le GCEB, dans l'avis cité ci-avant, souligne avec justesse le fait que dans la technique de clonage la recherche sur les embryons humains est présupposée. Je vais étudier cela plus en détail dans la partie suivante. Etant donné que cette question joue également un rôle important dans le clonage thérapeutique, il serait erroné de négliger cet aspect du problème.

L'embryon humain

L'une des principales positions traditionnelles philosophiques et théologiques dans le monde occidental aujourd'hui à propos de l'embryon peut être résumée par les propos de Tertullien, philosophe-théologien du IIe siècle, qui a écrit: *Homo est et qui est futurus,* il est déjà un homme celui qui le sera. Cela signifie qu'en pratique un embryon doit être traité comme un être humain, en d'autres termes comme s'il était déjà né. Il y a beaucoup plus à dire du propos de Tertullien et de la tradition classique (judéo)chrétienne, qui a considérablement influencé la philosophie occidentale. Toutefois, Tertullien ne semble pas toujours constant dans sa vision de l'embryon humain et il existe, dans la tradition judéochrétienne, beaucoup de débats sur la question de l'âme. Ce débat a lieu dans le contexte du problème de l'avortement et celui de la fusion de l'embryologie aristotélicienne et des théories théologiques concernant la création de l'âme humaine. L'association de ces deux lignes de pensée a donné lieu à un débat qui dure depuis longtemps sur le moment auquel on peut considérer que l'embryon/le fœtus humain a une âme – moment crucial dans le fait de devenir un être humain. Toutefois, je ne souhaite pas exposer dans le détail ces questions dans l'histoire des idées, mais j'aimerais utiliser les propos de Tertullien pour représenter la position philosophique et théologique classique, en particulier parce qu'elle a été adoptée par le Vatican et le Mouvement pour la vie.

Homo est et qui est futurus, un futur être humain doit être également traité comme un être humain. Que dire sur cette position? De façon très schématique, ma réponse serait la suivante: dans la culture traditionnelle occidentale, la question du statut moral de l'embryon humain fait l'objet de discussions

Cryopréservation: préservation de tissus ou d'organismes par congélation à très basse température.

Embryons surnuméraires: excès d'embryons résultant de la fécondation *in vitro* (FIV) qui n'ont pas été implantés dans l'utérus.

dans le contexte du problème de l'avortement et de l'obstétrique[1]. L'embryon signifiait l'embryon dans l'utérus, un futur enfant en soi. Toutefois, depuis que des techniques telles que la FIV ou, plus tard, la cryopréservation* sont devenues des réalités, nous devons faire face à une nouvelle situation, ou plutôt de nouveaux faits: il existe des embryons *in vitro* et dans le congélateur, ce qui signifie qu'ils ne sont pas dans l'utérus. Ainsi, avec la FIV, comme avec les autres techniques telles que le clonage, nous nous trouvons face à une extension de nos responsabilités; cela signifie, en pratique, une extension du domaine de la prise de décision. Tant que les embryons sont destinés à être transférés dans un utérus, comme ce sera le cas dans le clonage reproductif, nous pourrions les considérer, et du reste les traiter, comme de futurs enfants en soi, c'est-à-dire que nous espérons qu'ils finiront par devenir des enfants. Mais, si pour une raison ou une autre, nous décidons de ne pas les transférer dans un utérus, comme c'est le cas pour le clonage thérapeutique, ils restent des embryons humains mais pas de futurs enfants en soi. Par conséquent, la FIV et la cryopréservation rendent nécessaire la distinction entre deux catégories d'embryons, selon l'usage qu'on leur réserve: les embryons à transférer et les embryons à ne pas transférer (que l'on appelle embryons surnuméraires*).

Les embryons surnuméraires n'étant pas destinés à devenir des enfants, leur statut moral diffère de celui des embryons qui sont destinés à devenir des enfants. Bien qu'ils aient en commun un patrimoine génétique humain, ce qui implique qu'ils aient un statut spécial, ils ne deviendront pas des êtres humains au sens normal du terme. De ce fait, bien qu'ils soient dans une position particulière, il n'est pas nécessaire de traiter les embryons surnuméraires comme de futurs êtres humains. Leur statut moral est inférieur, à mon sens, à celui des embryons qui deviendront plus tard des enfants.

Un argument souvent utilisé contre cette position est ce que j'appellerais l'argument du «statut ontologique». La tentative de faire une distinction fondée sur le statut moral de l'embryon humain, c'est-à-dire qui s'appuie sur l'argument de l'usage prévu de l'embryon, ne tient pas compte du statut ontologique de l'embryon, c'est-à-dire ce qu'est vraiment un embryon. Etant

1. Voir Lindert, J. G., *Over de status van het menselijk embryo in de joodse en de christelijke ethiek* (A propos du statut de l'embryon humain dans l'éthique judaïque et chrétienne), (thèse de doctorat), Utrecht, 1998.

donné que tous les embryons ont en commun un patrimoine génétique humain, ils sont, après le processus de fécondation, des êtres humains potentiels. Il serait fallacieux de ma part de réfuter cette idée. C'est pourquoi je pense qu'il est important pour moi d'admettre que les embryons surnuméraires devraient avoir un statut particulier. Toutefois, je ne pense pas qu'il s'agisse d'un argument solide contre ma position selon laquelle c'est l'usage prévu des embryons qui importe d'un point de vue moral; c'est ce qui devrait être pris en compte en politique. Je m'explique: le potentiel de l'embryon humain de devenir un être humain existe certainement, mais il est très improbable, si je puis m'exprimer ainsi, car il dépend considérablement de facteurs externes, en d'autres termes de conditions qui n'ont rien à voir avec le statut (le «statut ontologique») de l'embryon lui-même. Ces conditions incluent:

- un transfert réussi dans l'utérus;
- la nidation*; et
- une grossesse sans problème.

Nidation: fixation de l'œuf fécondé dans la muqueuse utérine.

Si ces conditions ne sont pas réunies, un embryon ne deviendra jamais un être humain au sens normal du terme. Bien au contraire. Si un embryon (humain) est abandonné, il meurt. En d'autres termes, avoir en commun un patrimoine génétique humain est une condition nécessaire mais pas suffisante pour devenir un être humain. Les embryons surnuméraires ne remplissant pas ces conditions, ils ne deviendront pas de véritables êtres humains, et ne devraient pas, de ce fait, être traités comme tels.

Ou peut-être le devraient-ils? Dans le sillage de l'argument du statut ontologique se trouve également l'argument du droit à la vie. Chaque (ou tout?) embryon humain (être humain potentiel) dispose du droit à la vie (pour devenir un véritable être humain), ce qui signifie qu'il devrait être placé dans les conditions susmentionnées (transfert dans l'utérus, nidation et grossesse). Examinons plus en détail cet argument, que je ne trouve pas particulièrement convaincant. Et évitons, pour fixer les idées, les difficultés du «langage des droits» dans le contexte des embryons (œufs fécondés). L'argument est alors l'affirmation (morale) selon laquelle tout embryon humain

Mise en culture d'embryons: croissance des cellules de l'embryon *in vitro.*

devrait toujours avoir une chance équitable de devenir un être humain. La question est: pourquoi? Et peut-être également: comment? Il s'agit d'une question morale sans réponse. Car, si nous avancions des arguments en nous fondant sur le statut ontologique de l'embryon humain, nous ne disposerions pas d'arguments très solides, comme nous l'avons vu plus haut. Et s'il s'agit effectivement d'une question morale sans réponse, il ne serait pas difficile ici de lancer un argument *reductio ad absurdum,* par exemple, selon le fait que, dans la nature, probablement plus de 60 % des œufs fécondés sont perdus, ou selon le fait qu'il existe probablement des centaines de milliers d'embryons surnuméraires en Europe.

Nous devrions peut-être mentionner également, dans ce contexte, un argument religieux: l'embryon humain est la création de Dieu. Je me limiterai aux deux remarques suivantes:

La question théologique est: qu'est-ce que cela signifie en pratique? La «Création» est un concept difficile à appliquer dans le domaine de l'éthique, en partie parce que ce concept n'est pas clair, du moins dans la tradition chrétienne. S'il est pris dans le sens selon lequel nous devons respecter les embryons humains, il n'est pas d'une grande utilité ici.

La question suivante serait: comment? De quelle façon? Toutefois, dans la tradition chrétienne (et autant que je sache dans les traditions judaïque et musulmane), la création de l'âme fait l'objet d'une attention particulière. Ces religions estiment traditionnellement que l'âme (rationnelle) est créée quarante jours après la conception. L'influence d'Aristote ici est incontestable, mais je ne m'étendrai pas sur ce sujet. Ce que je veux dire ici, ce n'est pas que nous devrions revenir à une «embryologie» de l'ancien temps, mais que, selon la tradition religieuse classique occidentale, l'âme n'est pas créée immédiatement après la conception, ce qui implique, pour autant que je puisse en juger, que la dignité humaine n'a pas à être attribuée immédiatement après la conception.

Quant au statut moral de l'embryon humain, je me suis intéressé aux embryons surnuméraires. Toutefois, nous sommes tous conscients d'une autre question dans ce contexte, qui est celle de la mise en culture d'embryons* à des fins spécifiques de recherches. Même si dans ce cas l'intention est, dès le début, d'utiliser des embryons humains à des fins de recherches et non pas de les transférer dans l'utérus, ce qui rend cette procédure encore plus moralement problématique, j'affirmerais néanmoins que ma position est également valable dans ce contexte. Ces embryons en culture appartiendront eux aussi à la même catégorie que les embryons surnuméraires. Cela signifierait, par exemple, que même s'il est possible de parler dans ce contexte d'une «instrumentalisation» de la vie humaine, il ne s'agit pas d'utiliser des êtres humains comme des instruments au sens habituel du terme.

En résumé, ce que je veux dire, c'est que la distinction entre les embryons humains en se fondant sur l'usage prévu est moralement acceptable. Cette affirmation n'est pas, autant que je puisse en juger, réfutée par des arguments fondés sur le statut ontologique de l'embryon ou fondés sur la pensée chrétienne classique. Ainsi, en tant que théologien chrétien, je souhaite souligner que, autant que je puisse en juger, mon affirmation est conforme aux principes de la bonne éthique chrétienne. La science et la technologie (*in casu* la FIV et la cryopréservation), que cela nous plaise ou non, nous ont entraînés dans des nouvelles situations, qui nous forcent à repenser les valeurs et les principes moraux traditionnels. De toute évidence, nous devrions être critiques, mais nous ne devons pas nous voiler la face et refuser d'affronter les faits.

Ma conclusion est que, d'un point de vue moral, les embryons surnuméraires, destinés à des fins de recherche, doivent être différenciés des embryons destinés à être transférés dans un utérus. Cette distinction pourrait devenir le fondement de toute politique des pouvoirs publics concernant l'utilisation des embryons humains pour la recherche. Toutefois, comme ces embryons ont en commun un patrimoine génétique humain, ils devraient être considérés comme appartenant à une catégorie spéciale et devraient être utilisés pour la recherche uniquement dans des conditions strictes. Ces conditions incluraient par exemple le fait qu'ils ne soient pas des solutions de rechange et que les objectifs de la recherche soient importants et moralement acceptables. Ces conditions, et d'autres encore, souligneraient le statut spécial de l'embryon surnuméraire humain et, dans ces termes, l'expression «protection adéquate», comme elle est utilisée dans la Convention du Conseil de l'Europe sur les droits de l'homme et la biomédecine[1], devrait être appliquée.

Le caractère non naturel

Il reste toutefois un argument fondamental, à savoir que le clonage n'est pas naturel. Il s'agit clairement d'une question de «haute technologie» et de ce fait très artificielle. Cependant, la question est: est-ce important? La nature nous enseigne-t-elle comment nous comporter? L'évolution ou (la croyance en) la création implique-t-elle un ordre moral dans la nature? Le clonage signifie-t-il que nous violons les fondements de cet ordre «donné» de la nature?

Ce point de vue de la «loi de la nature» tient une position forte dans la culture occidentale. Ce n'est pas le lieu ici pour rouvrir le débat philosophique et théologique complexe sur cette question, bien que la technologie biomédicale puisse donner maintes raisons de le faire. Mis à part le fait que la technologie soit par définition plus ou moins artificielle, et donc «non naturelle», ce que je souhaite souligner ici, c'est que la loi de la nature n'est pas un guide dépourvu d'ambiguïté. D'une part, pour utiliser la version chrétienne de ce concept, si nous croyons que Dieu a créé le monde, cela implique que ce monde est en quelque sorte une expression de sa volonté. D'autre part, étant donné que nous sommes confrontés à beaucoup de mal dans la nature, il existe toujours un élément important de construction et d'interprétation humaines dans la façon dont nous «percevons» l'ordre moral dans la nature. En d'autres termes, la «loi de la nature» est principalement une interprétation humaine à la lumière d'un savoir (accru) et de la foi. Par conséquent, il s'agit, dans une large mesure, d'une loi «de la culture».

A la lumière de cela, je soulignerais également autre chose. Il s'agit peut-être d'une exagération, mais j'ai l'impression que l'on assiste à l'apparition d'une idéologie, qui, peut-être implicitement, considère la nature comme intrinsèquement bonne, du moins bien meilleure que l'intervention humaine. L'on

1. L'article 18.1 de la Convention sur les droits de l'homme et la biomédecine stipule : « Lorsque la recherche sur les embryons *in vitro* est admise par la loi, celle-ci assure une protection adéquate de l'embryon.»

attribue à la nature un statut quelque peu tabou, quelque chose de quasi divin, et l'intervention humaine devient presque, par définition, une violation du «caractère sacré» de la nature. Si c'est le cas, nous sommes confrontés à une forme de «néopaganisme». L'idée selon laquelle la nature est divine est rejetée dans la culture occidentale, du moins dans la tradition judéochrétienne. Le monde est considéré comme une création de Dieu, et de ce fait n'est pas Dieu. En outre, ce monde est terni par le péché et le mal. Si nous prenons une autre interprétation de la création, présente dans la Bible, à savoir que la création n'est pas *creatio ex nihilo* (création à partir de rien) mais que Dieu a créé le cosmos à partir du chaos, ce qui signifie que le chaos est une menace constante pour et dans le cosmos, l'idée de l'ordre moral dans la création est encore plus difficile à maintenir. En résumé, comme c'est probablement clair maintenant, je pense que l'argument de la loi de la nature contre la technologie biomédicale n'est pas très solide.

Le clonage humain reproductif est-il intrinsèquement mauvais? L'analyse des arguments fondamentaux avancés contre cette technique ne nous force pas nécessairement à en arriver à cette conclusion. Il peut être moralement problématique, mais, s'il était sans danger, il ne semble pas être a priori moralement inacceptable. En d'autres termes, la technique n'est pas mauvaise «en soi», cela dépend de l'usage que l'on en fait. Si elle ne présentait aucun danger et était utilisée dans le contexte du traitement de la stérilité ou de la prévention de maladies graves, elle pourrait être mise au même niveau que la technique de la FIV, tout comme l'injection intracytoplasmique du spermatozoïde.

Toutefois, la technique n'est pas (encore) sûre. Par conséquent, je préconiserais un moratoire sur le clonage humain reproductif. Cependant, étant donné que le clonage humain n'est pas intrinsèquement mauvais, je ne vois pas personnellement pour quelle raison la recherche dans ce domaine devrait être interdite. Elle pourrait être autorisée dans des conditions strictes, car le clonage est moralement problématique et pourrait être utilisé à des fins inacceptables, par exemple l'eugénisme. Allant dans le sens du GCEB et du GEE, je plaiderais par conséquent pour une politique de grande prudence, que je traduirais ici par ce que l'on appelle une «politique du non à moins que», ce qui signifie que le clonage humain est interdit à moins qu'il existe des arguments convaincants pour lever cette interdiction. Une telle décision devrait être prise sous le contrôle d'un organisme multidisciplinaire indépendant octroyant les autorisations, qui représente également l'inquiétude du public. La mise en place d'un cadre moral serait la première chose à faire.

Finalement, il existe bien entendu la question de savoir si, dans la société, nous devrions ou pas nous orienter vers le clonage humain. Il s'agit, en fin de compte, d'une question politique, liée à l'allocation de moyens financiers, au prix (au sens littéral et métaphorique) que nous sommes prêts à payer pour le traitement de la stérilité et de certaines maladies et à la place de la science et de la technologie dans le contexte de la reproduction humaine, ainsi que dans l'ensemble de la société. Il s'agit de questions fascinantes comportant beaucoup (d'autres) aspects éthiques, philosophiques et religieux. Je ne souhaite pas les développer davantage ici. Je ferai trois remarques finales pour relativiser cette technologie: premièrement, aussi triste que cela puisse être de ne pas avoir d'enfant lorsque l'on en désire, la vie humaine peut être fructueuse sans avoir d'enfant. Deuxièmement, la science et la technologie, en fin de compte, n'existent pas en tant que fin en soi mais pour contribuer au «bien», et de ce fait elles doivent être mises en œuvre conformément aux principes éthiques dans la société. Et, finalement, l'éthique n'est pas un système éternel, statique et monolithique, mais une discipline qui trouve ses racines dans la tradition et parallèlement dans une interaction libre et dynamique avec ce qui se passe dans la société, et de ce fait dans la science et la technologie également.

Le clonage «thérapeutique» et le statut de l'embryon

par le professeur Axel Kahn

La réparation, pièce par pièce, des éléments défectueux ou usés de la machine humaine est un rêve multicentenaire de la médecine. Les premières greffes d'organes, datant d'une cinquantaine d'années, ont commencé de réaliser ce rêve. L'amélioration des méthodes chirurgicales et l'apparition de nouveaux immunosuppresseurs* ont depuis considérablement élargi l'éventail des indications et les pourcentages de succès de ces greffes. Aujourd'hui, ce sont les greffons qui sont cruellement limitants, expliquant l'intérêt pour les xénogreffes, éventuellement après que leur compatibilité immunologique a été améliorée par transfert de gènes humains à l'animal. Cependant, les difficultés immunologiques semblent ici encore bien loin d'être surmontées. Cette situation explique l'intérêt pour la thérapie cellulaire, qui a des indications propres et qui peut parfois constituer une alternative à la greffe d'organes.

Dans l'avenir, les techniques d'ingénierie tissulaire *in vitro* permettront même, probablement, de façonner en culture certains organes qui pourront être greffés, comme cela est déjà réalisé expérimentalement pour la peau, les vaisseaux, la vessie et la cornée. La thérapie cellulaire est aujourd'hui largement utilisée dans le domaine de l'hématologie (greffe de cellules souches hématopoïétiques*), des brûlures (greffe de peau) et en est à un stade plus expérimental en ce qui concerne la transplantation d'hépatocytes* pour les maladies hépatiques*, de cellules du pancréas endocrine pour le diabète et de cellules neuronales pour différentes affections neurodégénératives. A l'exception des greffes de peau et des autogreffes médullaires*, ces techniques reposent sur le transfert de cellules allogéniques, c'est-à-dire qui proviennent d'un donneur différent du receveur. Il s'agit le plus souvent de cellules d'origine fœtale. Se pose donc toujours la question de l'incompatibilité immunologique, qui n'est que réduite pour les greffes réalisées dans ce site immunologiquement privilégié que constitue le système nerveux central. La disponibilité des cellules fœtales exige un

Immunosuppresseurs:
substance qui atténue les réactions immunologiques de l'organisme.

Cellules souches hématopoïétiques:
cellules à l'origine des cellules sanguines.

Hépatocytes:
cellules du foie.

Maladies hépatiques:
maladies du foie.

Autogreffes médullaires:
transplantations de mœlle osseuse chez le malade auquel elle a été prélevée.

Blastocyste:
étape du développement, lors de l'implantation utérine, où l'embryon est un amas creusé d'une cavité.

Se différencier:
acquérir les propriétés caractéristiques d'une fonction cellulaire spécialisée (par exemple cellules musculaires, cellules sanguines).

Ovocyte receveur énucléé:
ovule dont le propre noyau a été éliminé.

couplage avec une interruption volontaire de grossesse, ce qui n'est évidemment jamais très confortable sur le plan éthique et ne semble de toute façon pas pouvoir faire face à ce que pourraient être les indications de la thérapie cellulaire dans le futur.

Médecine régénératrice et cellules souches

C'est alors qu'a émergé en 1998 une technique dérivée de la maîtrise, acquise depuis plus de dix ans, de la culture de cellules souches embryonnaires chez la souris. A partir de blastocystes* humains ou de gonades primitives, des cellules humaines multipotentes ont pu être mises en culture (Thomson, Itskovits Eldor, Shapiro, Waknitz, Swiergiel, Marshall et Jones, 1998; Shamblott, Axelman, Wang, Bugg, Littlefield, Donovan, Blumenthal, Huggins et Gearhart, 1998). De telles lignées cellulaires pourraient naturellement régler le problème de la faible disponibilité du tissu fœtal. Cependant, le problème de l'incompatibilité immunologique persistera et, de plus, on est encore fort loin, chez la souris comme, a fortiori, chez l'être humain, de savoir maîtriser à volonté la différenciation* de ces cellules souches embryonnaires vers le type de cellules différenciées que l'on désirerait greffer. De nombreuses vérifications sont de plus indispensables afin de s'assurer de l'absence de tumorigénicité de ces cellules.

La question de l'incompatibilité immunologique pourrait naturellement être réglée si ces cellules souches embryonnaires étaient dérivées d'embryons clonés par transfert du noyau d'une cellule de la personne à traiter dans un ovocyte receveur énucléé* (Solter et Gearhart, 1999). Compte tenu des questions éthiques qui persistent quant à la création par clonage d'embryons humains à des fins de thérapie cellulaire, abordées plus loin, on pourrait également envisager de «personnaliser» des cellules souches embryonnaires humaines en lignée grâce à l'échange de leur noyau contre celui d'une cellule de la personne à traiter. Il est aussi concevable de constituer des banques de cellules souches embryonnaires humaines préparées à partir des dizaines de milliers d'embryons surnuméraires, congelés après fécondation *in vitro,* non utilisés à des fins procréatives et voués à la destruction. Ces différentes colonies seraient soigneusement caractérisées pour les antigènes du complexe majeur d'histocompatibilité*, comme cela existe déjà aujourd'hui pour les collections de cellules souches hématopoïétiques de sang de cordon. La tolérance immunologique à ces cellules pourrait, de plus, être améliorée par manipulation génétique.

Enfin, il apparaît de plus en plus évident depuis deux à trois ans qu'il pourrait n'être pas indispensable de partir de cellules embryonnaires puisque des cellules au fort potentiel régénératif semblent persister chez tous les adultes. De plus, ces cellules souches, initialement considérées comme irréversiblement engagées dans une voie de différenciation donnée, sont en réalité d'une plasticité beaucoup plus importante qu'on ne l'imaginait. Les articles se multiplient aujourd'hui pour démontrer qu'existent dans la zone sous-ventriculaire* du système nerveux central des cellules souches neuronales* qui, chez l'adulte, entretiennent une neurogenèse continue (Doetsch, Caillé, Lim, Garcia-Verdugo et Alvarez-Buylla, 1999; Goudl, Reeves, Graziano et Gross, 1999). Dans certaines expériences, ces cellules souches neuronales se sont révélées être capables de se différencier en cellules de divers types (Clarke, Johansson, Wilbertz, Veress, Nilsson, Karlström, Lendahl et Freson, 2000). Les cellules souches hématopoïétiques peuvent engendrer non seulement les différents lignages sanguins, mais aussi du muscle (Ferrari, Gusella-De Angelis, Coletta, Paolucci, Stormaiuolo, Cossu et Maxilio, 1998), du foie (Petersen, Bowen, Patrene, Mars, Sullivan, Murase, Boggs, Greenberger et Goff, 1999), et même des cellules nerveuses. Il est, symétriquement, possible d'isoler à partir du muscle des cellules ayant la capacité de repeupler la moelle osseuse (Gussoni, Soneoka, Stricklan, Buzney, Khan, Flint, Kunkel et Mulligan, 1999). Enfin, la moelle contient également des cellules souches mésenchymateuses* qui peuvent engendrer du cartilage, de l'os, des tendons, du tissu adipeux* (Pittenger, Mackay, Beck, Jaiswal, Douglas, Mosca, Moorman, Simonetti, Craig et Marshak, 1999). Ainsi, la solution de la thérapie cellulaire est peut-être en chacun de nous.

Naturellement, les performances de ces cellules souches spécifiques dans la reconstitution des tissus dont elles sont

Histocompatibilité: capacité d'un tissu à être accepté ou rejeté par un hôte, étroitement lié à un ensemble de protéines présentes à la surface des cellules.

Zone sous-ventriculaire: région du cerveau située autour du ventricule qui continue à produire des cellules nerveuses après la naissance.

Cellules souches neuronales: cellules pouvant engendrer des cellules nerveuses.

Cellules souches mésenchymateuses: cellules embryonnaires indifférenciées issues d'un tissu, le mésenchyme, qui peuvent se différencier en différents tissus tels que le muscle, le tissu conjonctif, le sang.

Tissu adipeux: tissu graisseux.

Programmes de génomique fonctionnelle: programmes de recherche dont le but est d'assigner une fonction à tous les gènes du génome humain.

Expansion: multiplication cellulaire.

Transgène: gène extérieur auquel on a recours dans la réalisation d'organismes génétiquement modifiés.

issues, a fortiori dans leur aptitude de différenciation en d'autres types de lignage, restent insuffisantes, probablement parce que l'on ne sait pas encore les maîtriser. Maîtrise signifie ici l'utilisation des facteurs de croissance (cytokines) et facteurs de survie qui devraient permettre, pour chaque population cellulaire, d'assurer son expansion et de maîtriser et d'orienter sa différenciation. Il est hautement probable que le développement extrêmement rapide des programmes de génomique fonctionnelle* faisant suite au séquençage du génome humain permettra d'accroître nos connaissances sur l'éventail des facteurs permettant de contrôler la régénération tissulaire à partir de populations minoritaires de cellules souches. Dans l'avenir, par conséquent, il y a fort à parier que la combinaison de ces facteurs d'expansion* et de différenciation, soit directement *in vivo,* soit *ex vivo,* appliquée à des cellules en culture, permettra d'augmenter considérablement les possibilités de cette véritable médecine régénératrice. Dans certains cas, l'efficacité d'une repopulation cellulaire exigera d'ajouter aux cellules ainsi stimulées des transgènes* leur assurant un avantage sélectif. Les réelles perspectives de ces approches ont bien été démontrées en ce qui concerne la régénération des tissus sanguins (Sauter, Martinet, Zhang, Metelij, Woos, 1997; Bunting, Sangster, Ihle et Sorrentino, 1998) et du foie (Mignon, Guidotti, Mitchell, Fabre, Wernet, De la Coste, Soubrane, Gilgenkrantz et Kahn, 1998). Evidemment, cette approche pourra être couplée à différents types de transfert de gènes dans des cellules en culture, qu'il s'agisse d'améliorer les caractéristiques des cellules en régénération ou de leur conférer un rôle thérapeutique qu'elles n'ont pas physiologiquement.

L'éventail et la convergence de ces techniques rendent ainsi raisonnable la perspective d'une réelle révolution thérapeutique permettant, grâce à une formidable extension des indications de la thérapie cellulaire, de compenser dans un nombre croissant de cas les défectuosités liées à l'âge ou à la maladie de pratiquement tous les organes. Cependant, au-delà de promesses qui demandent encore à être confirmées, certaines de ces approches soulèvent de très importantes interrogations éthiques.

Le clonage thérapeutique

La fabrication d'embryons humains par clonage pourrait avoir deux indications, deux finalités, l'une thérapeutique et l'autre reproductrice. Dans le premier cas, il s'agit d'obtenir des cellules embryonnaires identiques sur les plans génétiques et immunologiques à celles d'un malade en attente de greffes cellulaires pour une grande diversité de maladies: affections neurodégénératives telles que les maladies de Parkinson ou d'Alzheimer, cancers, diabètes, insuffisances hépatocellulaires, brûlures, etc.

La réalisation d'un tel programme nécessiterait de la part des biologistes une maîtrise précise de la différenciation de cellules souches* isolées d'un embryon cloné, ce qui, nous l'avons vu, est loin d'être le cas aujourd'hui mais n'est pas impossible. Dans l'avenir, une personne atteinte d'une maladie de Parkinson ou d'un diabète demanderait à sa femme, à sa fille, de lui faire don d'ovocytes, ou bien les obtiendrait de donneuses rémunérées. Le médecin remplacerait le noyau de ces ovules par celui d'une cellule quelconque de la personne à soigner et cultiverait l'embryon cloné ainsi créé pendant quelques jours dans les conditions du laboratoire. A environ 7 jours, cet embryon d'une centaine de cellules à la forme d'une sphère creuse appelée blastocyste à l'intérieur de laquelle un petit monticule de cellules donnera le fœtus proprement dit. Ces cellules peuvent être prélevées et cultivées. Elles gardent la potentialité de se différencier en tous les types de cellules d'un organisme adulte; on les appelle cellules souches embryonnaires, ou cellules ES. Si le médecin sait leur commander de se différencier, en agissant sur les conditions de culture, en cellules du cerveau ou du pancréas, elles pourront alors être greffées au malade pour traiter sa maladie de Parkinson ou son diabète. La prise de la greffe sera parfaite puisque les cellules greffées seront identiques à celles de la personne receveuse.

Il faut noter que la description qui vient d'être faite d'un protocole de clonage à visée thérapeutique chez les humains reste à ce jour très académique. En effet, plusieurs équipes ont tenté de reproduire le clonage par transfert nucléaire chez des primates non humains (singes macaques et rhésus), sans succès.

Différenciation de cellules souches: acquisition de propriétés caractéristiques d'une fonction cellulaire spécialisée. Les cellules souches ont la capacité de se différencier en différents types cellulaires.

Parthénogéniques: se dit des embryons produits par reproduction asexuée, uniquement à partir d'une ovule, sans intervention du spermatozoïde.

Etrogéniques: se dit des embryons développés uniquement à partir d'un spermatozoïde sans intervention d'un ovule.

Les embryons clonés obtenus dégénèrent très rapidement, après quelques divisions seulement; à leur niveau s'accumulent des anomalies chromosomiques dont la cause n'est pas comprise. Ces résultats négatifs rendent très improbable le succès d'éventuelles tentatives de clonage humain, si elles étaient réalisées aujourd'hui. Cependant, il n'y a aucune raison de penser que les primates, humains et non humains, resteront définitivement réfractaires à cette forme de reproduction asexuée; plus vraisemblablement, les obstacles techniques seront progressivement surmontés comme ils l'ont été, tout à tour, chez les brebis, les vaches, les souris, les chèvres, les porcs, les chats et les lapins.

Les questions morales posées par cette utilisation thérapeutique du clonage humain dépendent de la manière dont on considère l'embryon, considération qui varie selon les personnes, les traditions culturelles et religieuses. La fabrication de clones d'embryons humains en tant que source de greffes cellulaires revient sans conteste à réifier l'embryon qui cesse, dans ce cas, d'être un projet de personne. La discussion éthique de cette technique porte donc surtout sur la part d'humanité que l'on reconnaît à l'embryon, et sur l'assimilation d'un embryon cloné à une «personne potentielle», pour reprendre la définition de l'embryon humain proposée par le Comité consultatif national d'éthique français (Comité national d'éthique, 1993).

La définition d'un embryon semble sans ambiguïté: il s'agit d'un organisme en voie de développement, depuis son stade unicellulaire jusqu'à la réalisation d'une forme capable de vie autonome. Chez l'être humain, l'habitude a été prise d'appeler fœtus les embryons de plus de 3 mois. La définition de l'embryon ne dépend pas de la nature des événements qui l'ont engendré: il existe, à côté des embryons issus de la fécondation d'un gamète femelle par un gamète mâle, des embryons parthénogéniques* et étrogéniques*, c'est-à-dire d'origine uniquement femelle ou mâle. Chez les végétaux, l'embryogenèse peut être somatique, totalement asexuée. Toutes les équipes qui ont réussi, depuis la fin des années 1980, à cloner des mammifères par transfert de noyaux ont parlé de la création d'embryons par ce procédé. Dans l'espèce humaine, il semble donc évident qu'il faut appeler embryon tout stade du développement susceptible de se poursuivre dans les conditions favorables (c'est-à-dire dans une matrice féminine) et par lui-même jusqu'à la constitution d'un fœtus et d'un nouveau-né. A ce titre, il peut être possible d'obtenir un embryon humain en remplaçant un noyau ovocytaire par le noyau d'une cellule somatique s'il est établi qu'il peut se développer *in utero* en un fœtus et un nouveau-né.

Le sujet du statut de l'embryon est éminemment polémique, et nul consensus ne peut probablement être trouvé sur la question. Pour autant, cet embryon est défini par un adjectif... il est humain, et non pas simien ou murin. Dans un certain nombre de cas, le développement de cet embryon donnera naissance à un enfant. Il est donc, au moins, la possibilité d'une personne. Dès lors, il est possible de formuler la question de nouvelle manière: ce dont l'embryon est une potentialité, c'est-à-dire la personne, est infiniment digne. Quelle dignité cela lui confère-t-il? La loi française s'est interdite d'enfermer l'embryon et la personne dans des définitions biologiques et dans des limites chronologiques précises. La législation britannique a choisi une voie différente, celle d'une définition juridique de la limite chronologique à partir de laquelle la recherche sur l'embryon devient de principe un acte criminel. Depuis 1990 *(Human Fertilization et Embryology Act),* les parlementaires britanniques acceptent le fait que pour les besoins de certaines recherches importantes et prometteuses, dans le domaine de la stérilité et des maladies génétiques, des embryons soient créés par procréation classique à la seule fin de recherche.

Les autorisations sont données au cas pas cas par une agence spéciale, The Human Fertilization et Embryology Authority, à condition de détruire les embryons avant le quatorzième jour. Le législateur britannique considère en effet qu'auparavant, c'est-à-dire avant l'apparition de la ligne primitive embryonnaire, la nature de l'embryon est qualitativement différente de ce qu'elle sera au-delà de cette limite, justifiant son utilisation pour des recherches et sa destruction. Certains ont interprété cette législation comme la reconnaissance d'un stade «préembryonnaire» durant lequel la recherche serait légitime. Cette législation n'a en réalité aucunement vocation à transposer

Matériel thérapeutique:
matériel destiné à guérir ou à soulager les malades.

dans le droit un fait biologique, mais reflète la tradition utilitariste et pragmatique de la philosophie morale en Grande-Bretagne: puisqu'il est incontestablement utile de faire de la recherche sur l'embryon humain mais que tout un corpus de loi protège la personne, ce qui rend incertain le statut de son embryon, le législateur anglais contourne la difficulté en créant un objet virtuel, une fiction juridique sous la protection de laquelle pourront œuvrer les biologistes. Les attendus scientifiques de la logique anglaise relèvent d'ailleurs eux-mêmes de l'utilitarisme: c'est l'ébauche du système nerveux qui permettra ensuite au fœtus et à l'enfant de ressentir la douleur dont l'évitement est l'un des objectifs principaux de la morale utilitariste. En fait, l'œuf fraîchement fécondé, embryon unicellulaire, se développera de façon progressive, il acquerra sa forme, ses mouvements, son système nerveux, se développera jusqu'à la naissance et au-delà. La réalisation du projet est donc un processus dynamique. Parallèlement, la relation à cette personne en formation se modifie elle aussi, définie par un respect croissant. Ainsi, l'embryon humain, potentialité de personne digne, n'est jamais, selon moi, chose banale. Pour autant, il n'est pas non plus une personne dans la société jouissant de la plénitude de ses droits.

Cependant, considérer que l'embryon humain n'est pas un objet banal implique au minimum de le voir comme un projet possible de personne, c'est-à-dire aussi comme une fin en soi, et non pas simplement comme un moyen de réaliser autre chose n'ayant plus rien à voir avec l'avènement d'une vie humaine. C'est en ce sens que la création d'embryons humains en dehors de tout projet parental, uniquement pour la recherche, ou dans le but de préparer du matériel thérapeutique*, pose question. Quand les barrières morales et légales interdisant la création d'embryons humains en dehors d'un projet parental seront franchies – et elles le seront sans doute si les perspectives du clonage thérapeutique tiennent leurs promesses – que restera-t-il dans les faits de l'affirmation selon laquelle l'embryon humain ne peut être réifié?

Afin d'échapper à ce dilemme, certains ont proposé une solution du type de celle retenue par la législation anglaise: considérer qu'un embryon cloné ne serait pas vraiment un «embryon humain», soit, en s'en tenant à la notion de préembryon, car il serait détruit avant 14 jours, soit parce qu'il ne serait pas issu d'une procréation. Cette dernière proposition est singulière car, nous l'avons vu, le mode de production des embryons est, en biologie, indépendant de leur définition. De plus, si un embryon cloné était *in fine* utilisé pour aboutir à la naissance d'un enfant, cette personne serait alors unique en ce qu'elle ne serait pas issue d'un embryon.

Un autre argument avancé pour déshumaniser l'embryon humain est de considérer que c'est l'intentionnalité qui crée le projet (Frydman et Kahn, 1999), ce qu'on ne peut contester, et le projet qui engendre la dignité. Selon cette analyse, l'embryon *in vitro* conçu à des fins de recherche ne saurait être assimilé à «une personne humaine potentielle». De même, l'avortement d'une grossesse non désirée cesse de poser le moindre problème éthique. En bref, l'embryon d'*Homo sapiens* conçu pour la recherche ou la fabrication d'un matériel cellulaire thérapeutique, qui ne véhicule donc aucun projet parental, n'est pas humain et n'est donc pas concerné par les interrogations sur la part de dignité à laquelle il pourrait avoir droit. Le législateur anglais a probablement perçu la faille d'un tel raisonnement lorsqu'il a établi la limite de 14 jours au terme de laquelle l'embryon humain devait être protégé dans tous les cas: l'argument de l'intentionnalité ne s'oppose pas à l'infanticide d'un enfant né non désiré ou au déclenchement prématuré de grossesses mises en route dans le but de récupérer des organes fœtaux. Peter Singer, un philosophe australien, d'origine autrichienne, actuellement détenteur de la chaire de bioéthique de l'université de Princeton aux Etats-Unis, défenseur célèbre du droit des animaux et auteur d'un traité de bioéthique pratique controversé, ne voit d'ailleurs à cela rien d'éthiquement répréhensible puisque «si l'on compare honnêtement le veau, le cochon et le poulet avec le fœtus, selon des critères moralement significatifs tels que la rationalité, la conscience de soi, la conscience, l'autonomie, le plaisir et la souffrance, etc., alors [ces animaux] viennent bien avant le fœtus quel que soit l'état d'avancement de la grossesse. Car même un poisson manifeste davantage de signes de conscience qu'un fœtus de moins de 3 mois» (Singer, 1997). Cette vision extrême restant tout de même, à ce jour, minoritaire, les partisans d'un système où ce serait la réalité d'un projet parental qui humaniserait l'embryon, sont tenus, afin d'éviter ces formes de barbarie, d'instituer parallèlement une limite temporelle, et donc de réintroduire cette notion de préembryon (même si le vocable change) dont nous avons vu combien elle pouvait être discutée sur les plans de sa signification biologique et de ses conséquences éthiques. Enfin, comment accepter sereinement que la nature des choses et des êtres ne dépende que du bon vouloir de quelqu'un? Lorsque, dans la pièce de Corneille, Horace dit à son beau-frère Curiace, amant de sa sœur Camille, «Et pour éviter tout discours superflu, Albe vous a nommé, je ne vous connais plus», il assujettit la réalité à la volonté. Mais Curiace lui répond: «Et moi, je vous connais encore, et c'est ce qui me tue», manifestant ainsi l'une des plus évidentes et contraignantes des exigences éthiques: c'est dans la reconnaissance des tensions, et non dans leur négation que résident les bases de leur résolution, dans le respect de la nature des faits, des choses et des gens.

Ainsi, il ne semble guère justifiable de dénier à l'embryon cloné par transfert de noyau dans un ovule féminin le titre d'embryon humain afin de faciliter son utilisation en dehors d'un projet d'enfant. Cette opinion n'a pas pour but de fermer toutes les portes à une possible utilisation thérapeutique qui pourrait s'imposer si ses bienfaits potentiels étaient confirmés et offerts aux citoyens d'autres pays: on ne voit pas alors comment les législateurs nationaux pourraient refuser aux malades de leurs pays le bénéfice d'une innovation thérapeutique majeure qui serait accessible ailleurs dans le monde. Cependant, surmonter les tensions éthiques, c'est-à-dire les contradictions entre deux normes morales aux conséquences divergentes, n'exige pas de les nier. Si le clonage thérapeutique finit par s'imposer, il serait préférable que ce fût en concluant que les bénéfices attendus pour des malades réels justifient une certaine réification des «personnes potentielles» plutôt qu'en évacuant artificiellement leur potentialité d'humanité. De plus, ne pas nier la difficulté éthique d'une telle évolution revient aussi à souligner tout l'intérêt des recherches destinées à offrir aux malades le même type de traitement qu'avec le clonage thérapeutique mais sans passer par la création, pour ce faire, d'embryons humains. Or, la possibilité existe grâce au recours, soit aux embryons surnuméraires sinon voués à la destruction, soit à la maîtrise de populations de cellules souches adultes qui persistent chez tous les individus.

Un autre défi éthique lancé par le clonage thérapeutique vient de ce que sa première étape – la création d'embryons humains – est évidemment identique à celle destinée à aboutir à la naissance d'enfants. Lorsque des milliers de tels embryons seront obtenus pour préparer des populations cellulaires, il ne suffira plus que d'en transplanter certains dans des utérus pour, peut-être, conduire à la naissance de bébés clonés. Cet aspect de la question apparaît évidemment crucial en ce début de l'année 2002, où se multiplient les déclarations d'intention de réaliser un clonage reproductif humain. La secte des raéliens a fondé une société de biotechnologie dévolue à ce projet, Clonaid. Un groupe d'éminents biologistes de la reproduction mené par l'Italien Severino Antinori a également annoncé qu'il était mandaté par 200 couples stériles pour parvenir à la production de bébés clonés à partir de cellules des pères stériles. Ces deux entreprises possèdent des atouts pour réussir. Les mécanismes sectaires de sujétion, propres aux sectes, mettent en effet à la disposition des raéliens des centaines de jeunes femmes «volontaires» pour donner des ovules et prêter leur utérus afin qu'y soient transférés les embryons clonés. Quant à Antinori et à ses collègues, ils disposent d'une solide expérience clinique en biologie de la reproduction. Le seul obstacle rencontré par ces candidats cloneurs est qu'ils sont vraisemblablement incapables de fabriquer à ce jour, nous l'avons vu, des embryons humains normaux. Le jour où la technique aura été mise au point pour les besoins du clonage thérapeutique, l'obstacle sera levé, et il ne faudra pas attendre longtemps avant que l'on annonce que des femmes enceintes portent des fœtus clonés[1].

Une troisième inquiétude a trait aux risques d'instrumentalisation supplémentaire du corps féminin auquel ne manquerait pas de conduire une large utilisation du clonage thérapeutique. En effet, les équipes publiques ou privées réalisant ces expériences devraient alors disposer d'une grande quantité d'ovules humains. La demande créant inéluctablement un marché, au moins en de nombreux pays, on imagine alors que

1. «Severino Antinori, gynécologue italien, créateur supposé d'un clone humain», http://www.lemonde.fr/

des femmes dans le besoin seraient enrôlées en nombre pour constituer des cohortes de donneuses d'ovules rémunérées. Elles accepteraient, par contrat, de se prêter à des stimulations ovariennes répétées, accompagnées du contrôle sanitaire nécessaire à la vérification de la qualité des productrices et de leur production. En bref, si le clonage thérapeutique devait un jour faire la preuve de son efficacité, c'est-à-dire remplissait les promesses qu'on lui prête complaisamment aujourd'hui, ce serait un parfait exemple d'une de ces tensions qui constitue le quotidien de la réflexion éthique. Dans la tradition aristotélicienne, l'objet de l'éthique est en effet une morale de l'action, visant à la résolution des incertitudes et des tensions posées par l'application aux humains et à leur environnement de techniques dérivées de connaissances nouvelles. Les situations analysées ne s'étant auparavant jamais manifestées, la solution ne peut en effet venir de règles professionnelles (de l'ordre de la déontologie), juridiques ou législatives. La référence principale à laquelle se réfère la légitimité des actions est kantienne: c'est le respect des droits et de la dignité de l'être humain, ici confronté aux innovations de la médecine et des biotechnologies.

La forme du débat éthique est souvent celle de la résolution d'une tension entre deux rationalités morales, l'une et l'autre légitimes au regard de critères acceptables, mais aboutissant à des conclusions opposées. Ici s'opposent la solidarité nécessaire envers la détresse de malades qui pourraient bénéficier d'un réel progrès thérapeutique et la réticence à réifier l'embryon, à aggraver l'instrumentalisation du corps de la femme et à faciliter le passage éventuel au clonage reproductif. Finalement, une décision devra être prise, dépassant sans les nier les interrogations éthiques soulevées.

La recherche sur les cellules souches isolées d'embryons surnuméraires

Dans le cadre de l'assistance médicale à la procréation, les embryons créés ne sont pas tous transférés dans l'utérus maternel. Aujourd'hui, le devenir des embryons non réclamés par les géniteurs reste en suspens. Toute recherche sur l'embryon aboutissant à sa destruction étant exclue par la loi en France et dans de nombreux pays à travers le monde, force est cependant d'en déduire qu'à terme c'est la destruction des embryons en surnombre qui est envisagée. Dans ces conditions, dans le cadre d'un projet de recherche évalué sur les plans éthique et technique, avec l'assentiment des géniteurs, la réalisation de recherches sur ces embryons avant leur destruction doit-elle être considérée comme une atteinte au respect dû à la nature humaine de l'embryon? La reconnaissance de la dignité des personnes n'a jamais été un obstacle insurmontable à la réalisation de recherches biomédicales à tous les âges de la vie humaine, chez l'enfant, l'adulte ou la personne âgée. Il est vrai que la particularité de la recherche sur l'embryon est qu'elle aboutit en général à sa destruction, ce qui la singularise totalement des autres formes de recherches sur les humains. Cependant, cette objection tombe dès lors que la destruction de l'embryon est programmée indépendamment de tout projet de recherche.

En quoi serait-il plus respectueux d'un embryon humain de le détruire en le décongelant sans ménagement, plutôt que de le soumettre à une recherche de qualité dont on espère un accroissement des connaissances et des moyens de lutte contre l'infertilité ou les maladies du développement? Il y a là, me semble-t-il, un élément de solidarité entre une vie qui n'adviendra pas et l'amélioration des conditions d'établissement d'autres vies humaines dans le futur qui rappelle la greffe d'organes de donneurs morts, où des personnes disparues passent à des personnes vivantes en difficulté des «témoins» de vie. Les embryons surnuméraires qui n'ont pas été utilisés par leurs géniteurs et n'ont pas été donnés à d'autres couples, ne se développeront pas et ne seront donc plus jamais associés à un projet humain, sauf éventuellement dans le cadre d'un programme de recherche thérapeutique. La déchéance d'embryons humains n'est pas propre à la fécondation *in vitro*. Dans les conditions naturelles, huit sur dix des embryons fécondés ne se développent pas et sont éliminés.

En bref, il n'existe aucune contradiction entre le sentiment d'une singularité de l'embryon humain et l'emploi d'embryons, sinon voués à l'élimination, dans des projets de recherche de haute qualité scientifique et morale.

En conclusion, les perspectives ouvertes par l'utilisation des cellules embryonnaires pluripotentes humaines sont considérables, tant sur le plan des connaissances que sur celui des applications médicales. Cependant, il est juste et honnête de dire qu'au plan médical il ne s'agit encore que d'un espoir qui n'a pas commencé d'être validé.

Pour l'avenir, la question est donc d'une part d'évaluer le champs thérapeutique réel d'utilisation de telles cellules embryonnaires, et d'autre part de décider de la légitimité morale des diverses techniques y recourant. Il sera alors essentiel de prendre une décision consciente et lucide dépassant sans les nier les interrogations éthiques soulevées.

Bibliographie

Bunting, K. D., Sangster, M. Y., Ihle, J. N. et Sorrentino, B. P., «Restoration of lymphocyte function in Janus kinase 3 – deficient mice by retroviral – mediated gene transfer», in *Nature Med.,* n° 4, 1998, pp. 58-64.

Clarke, D. L., Johansson, C. B., Wilbertz, J., Veress, B., Nilsson, E., Karlström, H., Lendahl, U. et Freson, J., «Generalized potential of adult neural stem cells», in *Science,* n° 228, 2000, pp. 1660-1663.

Comité national d'éthique, «Avis n° 3 du Comité national d'éthique du 23 octobre 1984, in , *Les avis de 1983 à 1993,* Comité consultatif national d'éthique, Paris, 1993.

Doetsch, F., Caillé, I., Lim, D. A., Garcia-Verdugo, J. M. et Alvarez-Buylla, A., «Subventricular zone astrocytes are neural stem cells in the adult mammalian brain», in *Cell,* n° 97, 1999, pp. 703-716.

Ferrari, G., Gusella-De Angelis, G., Coletta, M., Paolucci, E., Stormaiuolo, A., Cossu, G. et Maxilio, F., «Muscle regeneration by bone-marrow-derived myogenic progenitors», in *Science,* n° 279, 1998, pp. 1528-1530.

Frydman, R. et Kahn, A., «Réflexion sur un grumeau de cellules», in *Le Monde des débats,* juin 1999, pp. 12-13.

Goudl, E., Reeves, A. J., Graziano, M. S. A. et Gross, C. G., «Neurogenesis in the neocortex of adult primates», in *Science,* n° 286, 1999, pp. 548-552.

Gussoni, E., Soneoka, Y., Stricklan, C. D., Buzney, E. A., Khan, M. K., Flint, A. F., Kunkel, L. M., Mulligan, R. C., «Dystrophin expression in the mdx mouse restored by stem cell transplantation», in *Nature,* n° 401, 1999, pp. 390-394.

Mignon, A., Guidotti, J. E., Mitchell, C., Fabre, M., Wernet, A., de la Coste, A., Soubrane, H., Gilgenkrantz, H. et Kahn, A., «Selective repopulation of normal mouse liver by Fas/CD 95-resistant hepatocytes», in *Nature Med.,* n° 4, 1998, pp. 1185-1188.

Petersen, B. E., Bowen, W. C., Patrene, K. D., Mars, W. M., Sullivan, A. K., Murase, N., Boggs, S. S., Greenberger, J. S. et Goff, J. P.,

«Bone marrow as potential source of hepatic oval cells», in *Science,* n° 284, 1999, pp. 1668-1170.

Pittenger, M. F., Mackay, A., Beck, S. C., Jaiswal, R. K., Douglas, R., Mosca, J. D., Moorman, M. A., Simonetti, D. W., Craig, S. et Marshak, D. R., «Multilineage potential of adult human mesenchymal stem cells», in *Science,* n° 284, 1999, pp. 143-147.

Sauter, B. H., Martinet, O., Zhang, W. J., Meteli, J., Woos L. C., «Adenovirus- mediated gene transfer of endostatin *in vivo* results in high level of transgene expression et inhibition of tumor growth et metastases», in *Proc. Nat. Acad. Sci. USA,* n° 97, 2000, pp. 4802-4807.

Shamblott, M. J., Axelman, J., Wang, S., Bugg, E. M., Littlefield, J. W., Donovan, P. J., Blumenthal, P. D., Huggins, G. R. et Gearhart, J. D., «Derivation of pluripotent stem cells from cultured human primordial germ cells», in *Proc. Nat. Acad. Sci. USA,* n° 95, 1998, pp. 13726-13731.

Singer, P., *Questions d'éthique pratique,* Bayard Editions, Paris, 1997.

Solter, D. et Gearhart, J., «Putting stem cells to work», in *Science,* n° 283, 1999, pp. 1468-1470.

Thomson, J. A., Itskovits Eldor, J., Shapiro, S. S., Waknitz, M. A., Swiergiel, J. J., Marshall, V. S. et Jones, J. M., «Embryonic stem cell lines derived from human blastocysts», in *Science,* n° 282, 1998, pp. 1145-1147.

Ethique, morale et religions

par le professeur Dietmar Mieth

Le pas franchi en passant de la pomme clonée à la brebis clonée est plus important que le pas entre la brebis clonée et le clonage humain reproductif. Les cellules humaines ont déjà été clonées, mais ces expériences étaient des cas de division embryonnaire, impliquant des cellules totipotentes divisées*. Cette intervention est également connue dans le domaine de l'expérimentation animale et de l'élevage d'animaux. Les chercheurs de Pittsburgh (Pennsylvanie, Etats-Unis) ont provoqué de vives réactions lorsqu'ils l'ont utilisée sur des humains en 1993. En Allemagne toutefois, l'article 6 de la loi sur la protection de l'embryon *(Embryonenschutzgesetz)* interdit directement le clonage des embryons et renforce cette interdiction, tout comme l'interdiction de transférer des embryons clonés à des femmes, par des sanctions.

Au moment de l'élaboration de la loi sur la protection de l'embryon, des doutes persistaient sur la faisabilité pratique de la transplantation d'un noyau de cellule somatique* dans un œuf dont on avait retiré le noyau*, car les scientifiques n'avaient pas encore réussi à «réactiver les fragments d'ADN «désactivés» des cellules somatiques transplantées» chez les mammifères (pour citer le commentaire sur la loi allemande sur la protection de l'embryon, voir Keller, Günther et Kaiser, 1992). C'est désormais possible, comme dans le cas de la brebis clonée Dolly, dans lequel une cellule somatique a été implantée avec succès dans un œuf sans noyau[1].

Lorsque cet événement a été rendu public par la célèbre revue *Science*[2] (New Scientist, 1997[3]), les scientifiques, les politiciens et les moralistes ont souligné qu'il existait un consensus général sur le fait que le clonage des êtres humains ne devrait pas être autorisé et qu'il devrait être réglementé par des interdictions ou des conventions nationales et internationales. La Convention du Conseil de l'Europe sur les droits de l'homme et la biomédecine[4], avec son interdiction de la transmission intentionnelle d'une génération à la suivante de génotypes ayant fait l'objet d'une manipulation génétique, semblait être un

Cellules totipotentes:
cellules issues des premières divisions de l'embryon, pouvant conduire à la formation de n'importe quel tissu de l'organisme final.

Noyau de cellule somatique:
noyau de n'importe quelle cellule de l'organisme, à l'exception des cellules sexuelles.

Zygote dont on a retiré le noyau:
cellule résultant de la fusion d'un ovule et d'un spermatozoïde (œuf fécondé) dont le noyau est éliminé.

1. Voir l'annexe I «Quelques concepts clés».

2. Magazine *Science:* http://www.sciencemag.org/contents-by-date.0.shtml

3. Magazine *New Scientist:* http://www.newscientist.com/

4. http://conventions.coe.int/treaty/fr/Treaties/Html/164.htm

Thérapie génique germinale: transfert de gènes dans les cellules sexuelles dans le but de modifier génétiquement les futures générations.

Maladie monogénique héréditaire: maladie génétique héréditaire résultant du défaut d'un seul gène.

recours sûr, bien qu'elle n'ait pas encore été soumise à un débat approfondi. En outre, dans le magazine *Science* (New Scientist, 1997), l'argument a été immédiatement avancé que le «clonage humain» nécessitait un «moratoire» mais pas une «interdiction».

Les positions adverses sont claires et sont identiques à celles du débat sur la «thérapie génique germinale*». Dans ce cas, également, certains scientifiques, mais également des moralistes, affirment que si la méthode peut être utilisée avec précision, sans danger et sans effets secondaires, dans le but d'éradiquer les maladies monogéniques héréditaires*, on se trouve dans l'obligation morale d'y avoir recours afin d'épargner à des générations entières des souffrances incommensurables. D'autres en revanche souhaitent éviter tout type de manipulation, en raison, par-dessus tout, de l'incertitude quant à ses conséquences dans un contexte futur encore inconnu, mais également parce qu'il est impossible de consulter ceux qui seront eux-mêmes affectés à l'avenir par ce sujet sérieux et finalement parce que l'usage excessif des embryons en expérimentation, qui constitue à ce jour l'unique moyen d'effectuer un transfert de lignée germinale, est rejeté. A la lumière de cette controverse, le Groupe de conseillers pour l'éthique de la biotechnologie de la Commission européenne, dans son avis sur la thérapie génique (1994), a prudemment recommandé que ce que l'on appelle la thérapie génique germinale ne soit pas autorisée «actuellement», pour des raisons techniques autant qu'éthiques.

Quoi qu'il en soit, il est clair que le débat éthique sur le clonage des êtres humains ne se limite pas à des arguments en faveur d'une interdiction stricte comme une question de principe. L'apparition de nouvelles possibilités techniques ou technologiques entraîne souvent la disparition d'un «tabou» précédent. Par tabou, j'entends une interdiction qui n'a pas été analysée et dont les défenseurs font rarement l'objet de pressions pour la justifier. Les exemples sont la fécondation *in vitro* avec le transfert d'embryons et le diagnostic prénatal. Dans ces deux cas, la perte des embryons et des fœtus est devenue banale. Les méthodes sont sélectives et restent problématiques d'un point de vue éthique, même si elles sont autorisées par la loi.

Trois positions sur le clonage humain

Après un examen approfondi, il existe trois positions en ce qui concerne le clonage humain:

1. *une approbation dans l'absolu,* sujette à des conditions presque impossibles à remplir, de sorte que cette option constitue actuellement un moratoire;
2. *un rejet,* le but étant de défendre le monde quotidien contre une intervention radicale;
3. *un rejet aussi strict* qui est justifié non seulement par des arguments irréfutables mais également par une série d'arguments relatifs.

Une approbation dans l'absolu

Les conditions *sine qua non* pour l'approbation dans l'absolu sont:

- des objectifs ambitieux compatibles avec la dignité humaine;
- une mise en œuvre précise et sans danger;
- l'absence d'effet négatif sur le monde présent et futur.

Ces conditions me semblent indiquées dans l'absolu mais impossible à atteindre dans la pratique. Une autre objection est que l'objectif de remplacer des organes malades ou défaillants par d'autres provenant d'un réservoir de pièces de rechange humaines est tout aussi incompatible avec la dignité humaine que l'objectif de remplacer un enfant décédé par une copie exacte. Le principe de la dignité humaine tel qu'il est formulé par Kant est que l'être humain ne devrait jamais être traité uniquement comme un moyen mais toujours comme une fin en soi également. La notion de fin en soi disparaîtrait dans les actes de procréation à des fins instrumentales. Le désir d'un autre enfant est compréhensible; un enfant copié sur demande est par définition un produit de remplacement.

Tout aussi problématique est l'objectif de contrôler en permanence les maladies génétiques, non pas par la lignée germinale mais par le clonage. L'incertitude relative aux conséquences pour l'environnement et le fait qu'il n'existe aucune possibilité d'obtenir le consentement des êtres humains qui seront affectés par ce nouveau monde constituent dans ce cas les arguments fondamentaux. On soupçonne que la position fondée sur une approbation conditionnelle, actuellement en voie de négociation, a été adoptée à des fins stratégiques: si l'on exprime son accord, la question suivante est automatiquement et immédiatement celle-ci: quel niveau de risque est-on prêt à accepter en pratique après avoir déjà donné son accord *in abstracto?* Je considère que cette position n'est pas tant une tentative de justifier le clonage pour des raisons éthiques qu'une tentative de se montrer plus malin que les participants au débat non expérimentés. Ou bien, il s'agit d'une tentative d'en faire accroire aux autres participants. Ce n'est pas nouveau: les problèmes présents ou futurs sont écartés lorsque la question de l'autorisation du clonage fait l'objet d'un débat. Une fois le consentement obtenu, le dossier est réouvert et l'on se bat sans grand succès avec les problèmes. A mon avis, le principe ici est que les problèmes ne devraient pas être résolus de telle façon que les problèmes qui en découlent soient plus importants que le problème initial.

En ce qui concerne le clonage humain, des scénarios potentiels véritablement choquants pour la vie quotidienne apparaissent, en particulier si nous considérons notre moralité comme un produit de notre monde quotidien, c'est-à-dire le monde de nos expériences quotidiennes, dans lequel nous devenons des individus dans un contexte social, notre vie dans la communauté comme un processus de communication. La science et la technologie entrent dans ce monde, mais elles doivent rester intégrées dans ce monde quotidien. Lorsque la «création» ou la «nature» sont évoquées par des religieux ou par ceux disposant d'une «religion en héritage» (*Religion im Erbe* d'Ernst Bloch) dans ce contexte, ces termes symboliques indiquent un point de référence stable dans ce monde quotidien. Nous pourrions également évoquer les réalisations de l'histoire et de la culture humaines. Elles incluent notre culture de la sexualité et la situation de la reproduction humaine dans des relations identifiables. L'idée que la sexualité, parce qu'elle est totalement séparée de la reproduction, sera un jour réduite à des stimuli cérébraux répétés est un choc culturel tout aussi grand que l'idée que les êtres humains seront un jour délibérément assemblés à partir de différents matériaux «biologiques».

L'être humain réagit au choc menaçant notre monde quotidien par des tabous. Les tabous procurent un sentiment de protection et agissent comme un mur contre tout ce qui s'avère menacer les éléments indispensables à la vie quotidienne. Le terme «tabou» est, bien entendu, devenu ambigu, parfois même ouvertement péjoratif, mais la rationalité de conceptions en apparence irrationnelles (irrationnelles car elles ne sont pas justifiables spontanément) peut souvent être démontrée lorsque ces conceptions sont contestées. L'herméneutique de la peur de Hans Jonas *(Hermeneutik der Furcht)* – en ce qui concerne les options pour les mondes futurs, il est préférable de penser d'abord à ce que l'on doit craindre plutôt qu'à ce que l'on doit espérer – n'est, à mon avis, rien d'autre qu'une preuve que les expériences négatives sont à l'origine des tabous, par exemple la sélection des êtres humains sous le IIIe Reich.

Le rejet du clonage

La deuxième approche – le rejet du clonage – cherche à protéger notre vie quotidienne contre le changement et soutient les valeurs conservatrices. Les affirmations spontanées des politiciens reflètent fréquemment ce consensus sur les valeurs conservatrices. Mais combien de temps cela va-t-il durer? Combien de temps notre monde quotidien, qui est en constante évolution, va-t-il rester une source stable de résistance? Les politiciens ne vont-ils pas trouver plus facile, d'un côté, de limiter les exemples les plus drastiques d'abus et, d'un autre côté, d'autoriser chaque individu à faire usage des progrès technologiques comme il l'entend? Les responsables choisissent toujours l'option individuelle et les êtres humains futurs ou en développement devront se conformer à leurs idées. Face à de telles perspectives, qui n'ont été que trop bien corroborées par les expériences des dernières décennies, nous devons tenter de définir une justification pour le rejet du clonage humain qui n'est pas simplement fondée sur un seul argument irréfutable mais ressemble plutôt à un câble, dans lequel plusieurs arguments, éventuellement d'une importance relative s'ils sont pris séparément, sont associés pour la rendre plus solide.

Une interdiction stricte

C'est cette troisième approche que je vais défendre: une série d'arguments relatifs qui agissent ensemble pour soutenir une interdiction stricte. Le premier argument relatif découle de la faiblesse de l'opinion permissive sous condition, que j'ai déjà décrite. Un deuxième argument peut être qualifié d'argument de la non-instrumentalisation. Selon cet argument, chaque être humain, même s'il n'a pas droit à son identité unique, a le droit de ne pas être construit comme une copie d'un autre être humain à la suite de projets d'une tierce personne. En ce qui concerne le clonage, il est de toute évidence concevable (à condition que «l'animal mère [substitut]» porte à terme le fœtus), qu'aucune copie parfaite, c'est-à-dire aucune copie parfaitement identique, ne sera créée, car les cellules peuvent s'adapter différemment, et parce que l'environnement peut également avoir un effet modificateur. Néanmoins, je pense qu'en agissant en êtres humains responsables – la «nature» ne porte pas la responsabilité, par exemple, de la création de jumeaux identiques – nous devons chercher à garantir que tout ce qui est possible soit fait pour atteindre une identité unique. Même si «l'identité» n'est pas un argument irréfutable contre le clonage humain, l'argument de la non-instrumentalisation est irréfutable dans la plupart des cas que nous pouvons imaginer.

Le troisième argument porte sur la voie qui a mené à Dolly, une voie jalonnée d'expérimentations sur le fœtus. Nous devons nous poser la question morale – qui s'applique déjà aux animaux, même si ce n'est pas en termes aussi catégoriques – de savoir si nous pouvons prendre la responsabilité d'une expérimentation impliquant un nombre si excessif de fœtus, ou de façon générale d'une méthode nécessitant des essais successifs dans une telle mesure. Le quatrième argument est analogue à l'interdiction du transfert de lignée germinale (sur la base de l'incertitude qui l'entoure et de l'absence de «consentement éclairé» des êtres humains affectés dans des situations modifiées). Ici, il faut ajouter que, comme pour le transfert de lignées germinales, la frontière entre la maladie et le «sur mesure» est devenue floue. Si la maladie (pour utiliser la définition de l'Organisation mondiale de la santé) constitue un trouble du bien-être physique, psychologique et social, la frontière entre la thérapie et les améliorations génétiques de l'être humain peut, subjectivement parlant, être traversée rapidement. Cela nous amène au cinquième argument, selon lequel chaque application, quelles que soient ses limites initialement, se retrouve sur une pente glissante. Qui sera capable de fixer les limites individuelles une fois que la frontière aura été abandonnée? Il s'agit également, en termes relatifs, d'un argument éthique, dans lequel nous envisageons les autres solutions, afin de décider où il est préférable de placer et de maintenir la frontière.

Le sixième argument porte sur l'incertitude qui entoure notre monde quotidien. Peut-on soutenir le concept de la famille comme le «noyau» de la société et, parallèlement, risquer de compromettre sa structure, même si ce n'est, apparemment, que de façon marginale pour le moment? L'idée que la femme fera un jour don de ses ovules et que les êtres humains vont chauffer les incubateurs, avec des enfants clonés sur mesure sous leurs chemises, peut sembler satirique et abstruse, mais peut-être un jour viendra où quelqu'un présentera l'idée que ce n'est pas sans précédent dans la nature: le mâle albatros, par exemple, prend soin de la couvée. Existe-t-il certaines choses que nous ne voulons pas abandonner? Existe-t-il des contraintes et des souffrances que nous souhaitons continuer à accepter parce que le prix à payer pour leur élimination est trop élevé? Il s'agit de questions sérieuses et il est de notre responsabilité morale d'y répondre.

Ces arguments, pour revenir à ma métaphore, sont comme un câble formé de six fils différents. Pris individuellement, ces arguments peuvent être d'une importance relative, à l'exception de l'argument de la non-instrumentalisation dans la plupart des cas imaginables. Les arguments individuels ne sont pas en mesure de démonter totalement chaque contre-argument qui pourrait être imaginé. Néanmoins, ils ont un certain poids et par conséquent renforcent la position en faveur d'une interdiction du clonage. Un mur fait de pierres individuelles peut être aussi solide qu'un rocher. Toutefois, les arguments individuels sont ouverts à la discussion lorsque les hypothèses, les contextes et les conséquences changent. Les

In vivo:
observé ou pratiqué dans l'organisme vivant.

In vitro:
observé ou pratiqué en laboratoire hors de l'organisme vivant (par exemple: culture de cellules ou de tissus).

possibilités techniques peuvent et vont remettre en question la réflexion éthique mais ne sont pas en mesure de la remplacer. Tant que nous envisageons notre culture comme la somme totale de la vie en société, notre monde quotidien ne peut être déterminé – et nous ne pouvons pas permettre qu'il soit déterminé – de façon unilatérale par une alliance de science, de technologie et de commerce. Par conséquent, je préconiserais non seulement un moratoire, mais une interdiction du clonage humain.

Clonage *in vivo** et clonage *in vitro**

Notre langage n'est pas en mesure d'appréhender immédiatement les nouveaux phénomènes. Par conséquent, tout concept a le potentiel d'être mal compris, et cela s'applique à la distinction entre clonage «reproductif» et «non reproductif». Le clonage reproductif signifie que le clone est implanté et qu'un adulte humain se développe à partir de ce clone. Le terme *«in vitro»* ne nous permet pas de déterminer si un embryon à un stade précoce qui a été manipulé sera ou ne sera pas implanté. S'il n'est pas implanté, il peut être l'objet d'expériences à des fins thérapeutiques spécifiques à long terme; c'est ce que l'on appelle le «clonage non reproductif».

Le groupe de conseillers de l'Union européenne est arrivé à la conclusion que le clonage «reproductif» devait être interdit. La Commission Clinton, utilisant la même terminologie, a été plus libérale uniquement dans la mesure où elle a exigé, pour l'heure, un moratoire. Les expressions «pour l'heure» et «dans le contexte social actuel» ne sont pas apparues dans les conclusions du groupe de conseillers européen. A mon avis, ces expressions qui nuancent le propos impliquent que toute interdiction de ce type sera automatiquement réexaminée! Il tombe sous le sens que chaque règle que nous formulons dans les circonstances présentes peut être réexaminée à l'avenir. Toutefois, toute personne qui souhaite utiliser ces expressions particulières a des intentions cachées qui doivent être dévoilées. Par conséquent, on peut affirmer que la Commission Clinton s'est déclarée en faveur d'un moratoire, tandis que le groupe de conseillers européen était en faveur d'une interdiction stricte, mais uniquement dans le domaine dit «reproductif».

Dans le domaine «non reproductif», c'est-à-dire en ce qui concerne la culture *in vitro* d'embryons clonés dans des cultures cellulaires, le groupe de conseillers de l'Union européenne a déclaré que dans les pays qui autorisaient les expérimentations sur les embryons (tels que la Belgique et la Grande-Bretagne), le clonage *in vitro* ne devrait pas être interdit, à condition qu'il soit effectué à des fins thérapeutiques de haute priorité et à condition qu'un organe délivrant l'autorisation, c'est-à-dire un comité d'éthique, soit consulté, et finalement, à condition que les embryons manipulés ne soient pas implantés et ne deviennent pas des êtres humains indépendants. A mon avis, la distinction entre clonage «reproductif» et «non reproductif» n'a pas été faite sur une base factuelle; plus exactement, le but était de faire la distinction entre le traitement des «embryons» et des «êtres humains».

Dans un document de 1994, j'ai trouvé une déclaration du Comité des Ministres du Conseil de l'Europe relative aux banques de tissus, qui indiquait comment les termes «reproductif» et «non reproductif» devaient être compris dans ce domaine. Les ovules, les spermatozoïdes et les embryons étaient considérés comme «reproductifs». Leur utilisation en tant que tissus devait être interdite précisément parce qu'ils sont «reproductifs», c'est-à-dire parce qu'ils peuvent donner naissance à des êtres humains. L'expression «reproductif» a été alors intentionnellement réduite par le groupe de conseillers aux embryons implantés dans l'intérêt de la faisabilité. C'est ce que j'appelle la *politique du langage*. La distinction entre «reproductif» et «non reproductif» n'est pas sans précédent, elle a été utilisée auparavant par un groupe consultatif américain sur la fécondation *in vitro*.

Le clonage non reproductif est désormais qualifié de «clonage thérapeutique»; c'est un autre exemple de la politique du langage. Le concept de thérapie ou de santé humaine joue un rôle central dans la politique du langage. J'aimerais expliquer cela avec un exemple de la Convention du Conseil de l'Europe sur les droits de l'homme et la biomédecine. L'article 18.2 de la

Centrifugation du sperme:
technique permettant la séparation de sperme enrichi en chromosomes X ou Y, afin d'aider à la détermination du sexe de l'enfant.

convention stipule que la constitution «d'embryons humains aux fins de recherche» est interdite. L'article 14 traite implicitement de la recherche sur les embryons, bien qu'explicitement il porte sur la possibilité de sélection du sexe. Il stipule que cette sélection est possible uniquement à des fins médicales, par exemple pour éviter une maladie héréditaire, car une maladie héréditaire peut être liée à un sexe particulier. Le texte n'exprime pas clairement à quelle méthode il se réfère: avortement après le diagnostic prénatal, sélection de l'embryon avant l'implantation, ou éventuellement sélection du sexe par centrifugation du sperme*. Parallèlement, l'article 12 stipule que ces fins médicales incluent également «la recherche liée à des fins médicales». De toute évidence, l'on se demande à ce point ce que signifie l'interdiction de la création d'embryons à des fins de recherches dans l'article 18.2. La recherche à des fins médicales, qui ailleurs est toujours autorisée, est-elle exclue? Si c'était le cas, les fins de recherches mentionnées dans l'article 18.2 auraient peu de signification, car l'on pourrait affirmer que toute fin de recherche dans ce domaine a un but thérapeutique.

La Convention sur les droits de l'homme et la biomédecine ainsi que le protocole sur le clonage, signé en janvier 1998, laissent le soin aux Etats membres de déterminer ce qui constitue un être humain. Dans une interview pour l'hebdomadaire allemand *Focus*[1], le président de notre groupe de conseillers, Noëlle Lenoir, a expliqué que «ce sont les Etats-nations qui déterminent quand la vie humaine commence». Comme on peut l'imaginer, lorsque des efforts sont entrepris pour aboutir à un consensus européen approprié, le fait que cette question reste sans réponse signifie que tout consensus manque de clarté dans le cas spécifique pris en considération. Selon Noëlle Lenoir, les Allemands considèrent qu'un embryon peu évolué est un être humain, tandis que d'autres pays reconnaissent les êtres humains individuels uniquement après la naissance. La Convention sur les droits de l'homme et la biomédecine ne spécifie pas ce qui constitue un être humain. C'est particulièrement important pour le clonage des êtres humains. Le protocole stipule qu'il est interdit de créer un être humain dans le but de le rendre identique à une personne vivante ou décédée.

1. http://www.focus.de/

Toute personne lisant cette déclaration sans parti pris supposera que cela signifie que tout clonage humain est interdit. Toutefois, les choses ne sont pas si simples, même si l'article 2 stipule qu'il n'existe aucune dérogation à cette interdiction. Lorsque l'on consulte le rapport explicatif, les choses semblent différentes.

Stade totipotent: stade où toutes les cellules de l'embryon ont la capacité de ce différencier en n'importe quel tissu de l'organisme final.

Le rapport explicatif stipule qu'il convient de faire la distinction entre trois situations en ce qui concerne le clonage. Premièrement, il y a le clonage de cellules, qui généralement ne pose pas de problème éthique. Je suis moi aussi de cet avis. Le clonage n'est pas moralement problématique lorsqu'il s'agit d'un organisme vivant sans destin indépendant. Deuxièmement, il y a le clonage *in vitro.* Ici, les «cellules embryonnaires» sont soigneusement prises en considération. Toutefois, les «cellules embryonnaires» peuvent également recouvrir les embryons au stade totipotent*. Troisièmement, il y a le clonage des «êtres humains». Cela signifie que le clonage des «êtres humains» est distingué du clonage des cellules embryonnaires. De ce fait, il est expressément indiqué que le protocole s'applique uniquement au clonage des «êtres humains».

Cela me ramène à mon analyse sur la politique du langage: bien que l'expression «clonage non reproductif» ne soit pas utilisée ici, il est manifeste que la distinction technique qu'elle renferme – clonage *in vivo,* non; clonage *in vitro,* oui – a été adoptée par la Convention sur les droits de l'homme et la biomédecine. Ceux qui interprètent la convention affirment que ce n'est pas si grave, car l'article 18.2 susmentionné stipule que nul ne peut produire d'embryons à des fins de recherche et que cela exclut la possibilité d'utiliser les cellules germinales pour créer des embryons. Toutefois, j'ai déjà souligné que le concept de «à des fins de recherches» n'est pas encore clair. La recherche à des fins médicales est-elle réellement exclue par cette clause? A l'avenir, les tribunaux chercheront à clarifier ce point, car, pour l'heure, il n'est pas clair dans le texte. Par conséquent, on peut supposer que la Convention sur les droits de l'homme et la biomédecine et le protocole qui s'y rapporte interdisent totalement le clonage. Une telle interdiction n'existe pas dans la déclaration de l'Unesco, car elle interdit uniquement le clonage «reproductif».

L'importance de la «politique du langage» devient claire lorsque l'on considère que le représentant du Vatican, dans les consultations sur la déclaration de l'Unesco, a apparemment soutenu avec force l'interdiction du clonage «reproductif», sans réaliser qu'il ne s'agissait que d'une interdiction partielle. Ce jeu entièrement linguistique n'est pas immédiatement évident pour les non-spécialistes parmi les théologiens, étant donné qu'ils n'ont pas à traiter ce genre de sujet régulièrement. Le dernier avis des évêques catholiques allemands relatif à l'éthique de la biotechnologie stipulait que le clonage «reproductif» devrait être interdit, entretenant l'idée fausse que tous les types de clonage sont inclus et que le «clonage reproductif» n'est qu'une description redondante du clonage en tant que «réduplication». Cette explication m'a été fournie lorsque j'ai demandé les raisons de cette interdiction. Toutefois, l'Eglise d'Ecosse (8 décembre 1998) a vu le problème assez clairement: «Pouvons-nous éthiquement créer des embryons par le clonage – sachant que pour des raisons d'éthique nous ne pourrions jamais leur permettre de se développer à terme?».

Cette distinction joue également un rôle important dans l'interdiction du clonage préconisée par l'Organisation mondiale de la santé. Dans ce cas, des termes presque identiques interdisent la création d'un être humain comme une copie d'un autre et cela suppose toujours *in vivo*. Par conséquent, au niveau international, il existe un seul endroit à ce jour où il peut y avoir un soutien pour une interdiction totale du clonage humain. Le Parlement européen a clairement exposé son opinion dans une déclaration sur les droits de l'homme le 15 janvier 1998, dans laquelle il a exprimé son inquiétude à propos de l'annonce par un chercheur américain de son intention de cloner des êtres humains, le clonage humain étant défini comme la création d'embryons humains avec le même génotype qu'un autre être humain vivant ou mort dans son développement total, en commençant par la conception, quelle que soit la méthode utilisée. Le Parlement européen a de nouveau confirmé que chaque individu avait droit à une identité génétique et que le clonage des êtres humains devait être interdit sans exception.

De toute évidence, l'Unesco, la Commission Clinton et le Conseil de l'Europe, avec sa Convention sur les droits de l'homme et la biomédecine, s'accordent unanimement sur le fait que le clonage *in vivo,* c'est-à-dire le clonage qui débouche sur la création d'êtres humains en tant que copies individuelles, ne devrait pas être autorisé. Toutefois, ce type de clonage est tout de même pris en considération. Il existe, par exemple, la suggestion de contourner la stérilité masculine en utilisant la cellule somatique de l'homme et l'ovule de la femme, procurant ainsi à un couple marié la possibilité d'avoir des enfants. Richard Seed a défendu ce procédé comme une extension de la médecine reproductive existante. Une autre option concerne les parents qui ont perdu un enfant dans un accident de la route et qui veulent un «enfant de remplacement» en utilisant une cellule de l'enfant décédé afin d'en cloner un autre, qui est supposé apporter aux parents la joie de la répétition. Cette option est déjà problématique pour des raisons purement techniques, mais également psychologiques. De telles intentions ont été proposées sérieusement comme éthiquement irréfutables par des moralistes à certains comités que je connais. Un troisième exemple provient de Philip Kitcher, qui a écrit un article philosophique sur les méthodes du génie génétique. Un enfant a des problèmes de reins, par exemple, et les parents conçoivent un second enfant afin d'avoir un rein de rechange, qui ne comportera pas de risque de rejet.

La raison pour interdire de telles options est la même à tous les niveaux de la consultation politique. Le principe éthique est la «non-instrumentalisation» de la personne. Le principe de la dignité humaine selon Kant est le suivant: agir de telle manière que l'on ne considère jamais l'autre uniquement comme un moyen pour une fin, mais également comme une fin en soi. La personne qui subit notre comportement devrait toujours être également une fin en soi. Il ne s'agit pas d'un principe interdisant l'instrumentalisation mais plutôt d'un principe interdisant l'instrumentalisation de la «nature» de la personne dans son ensemble, car le concept de «fin en soi» de la personne doit être préservé. Cela signifie qu'un individu qui doit se voir comme la copie d'un autre, créé à la demande d'une tierce personne, serait en tant que tel sujet à l'instrumentalisation à la demande de cette tierce personne, et cela s'appliquerait précisément aux trois exemples que j'ai soumis. La demande de la tierce personne, dans le cas du souhait des parents, et c'est important, n'est pas uniquement liée à l'existence. Ce n'est pas seulement une question de personne arrivant dans l'existence dans le sens de souhaiter un enfant à soi; c'est une question de nature: c'est une question de l'essence de la personne. En d'autres termes, il s'agit d'une interférence avec l'essence de la future personne de telle manière qu'elle sert les desseins qui sont imposés extérieurement.

A première vue, cet argument semble très convaincant, en particulier dans notre tradition. Mais l'on ne doit pas négliger le fait qu'il existe de sérieux contre-arguments. Ces derniers ont été avancés par P. Kitcher et D. Beyleveld. Ils reconnaissent le principe kantien: agir de telle manière que l'on ne considère jamais l'autre uniquement comme un moyen pour une fin, mais également comme une fin en soi. Ainsi, nous ne traitons pas d'un argument contre Kant. Toutefois, certains ont affirmé qu'il ne s'agissait pas d'une instrumentalisation totale si un second enfant est créé à des fins de transplantation d'organe, car cet enfant ne serait pas limité dans sa faculté morale, ce qui, après tout, est ce qui importe vraiment pour constituer la dignité humaine. Ce second enfant, après tout, serait libre, et disposerait de la capacité d'agir et de la faculté morale, et tant que la capacité d'agir, c'est-à-dire la faculté morale d'un être humain, n'est pas limitée, on ne peut parler que d'une forme d'instrumentalisation concordant avec la dignité humaine.

Toutefois, je pense qu'il est problématique de produire simultanément des qualités anthropologiques qui sont nécessaires pour la faculté morale et des qualités anthropologiques qui sont nécessaires pour respecter les autres personnes. Je considère qu'il s'agit d'une illusion «moralistique» (Mieth, 1998) d'avoir recours aux simplifications anthropologiques – dont nous avons besoin pour atteindre des jugements éthiques et procurer un fondement pour la moralité – directement pour des fins pratiques spécifiques. La capacité d'agir, la faculté morale, la liberté, etc., constituent des simplifications de ce type, car ce n'est pas ainsi que l'être humain peut être envisagé à tous les stades de la vie, dans toute sa complexité. A mon avis, lorsque nous parlons des êtres humains en tant qu'objet de notre reconnaissance et notre considération, nous ne devons pas transférer les raisons normatives pour justifier cette reconnaissance directement pour l'application pratique spécifique, car sinon ce sont toujours ces personnes qui sont quelques peu défaillantes ou n'ont pas encore totalement développé leur aptitude à la liberté, l'action et la moralité qui sont susceptibles de souffrir à la suite de cela. Il me semble inapproprié d'interchanger le raisonnement moral et l'application de la moralité déterminée de façon anthropologique.

Par conséquent, je soutiens le principe de la non-instrumentalisation et suis d'avis qu'il est souhaitable de condamner le clonage humain *in vivo* dans le monde. En 1997, nous avons eu une chance unique d'introduire une telle interdiction, au moment où tout le monde était alarmé par ses questions.

Toutefois, cette interdiction, comme j'ai tenté de le démontrer, n'est pas totale. Il s'agit d'une interdiction du clonage *in vivo*. Elle n'inclut pas l'interdiction du clonage *in vitro*, et cela soulève la question de la mesure dans laquelle l'argument de la non-instrumentalisation peut être appliqué *in vitro*. En ce qui concerne la consultation politique, un protocole à la Convention du Conseil de l'Europe sur les droits de l'homme et la biomédecine portant sur la protection de l'embryon n'a pas encore été élaboré. En effet, le rapport explicatif au protocole sur le clonage fait référence au protocole non existant sur la protection de l'embryon. En particulier, le débat dans les pays germanophones sur la Convention des droits de l'homme et de la biomédecine, qui, après tout, ne porte pas uniquement sur ce problème, dépend d'un tel protocole.

Arguments théologiques relatifs à l'éthique de la génétique humaine

Si l'on accepte le concept d'une moralité autonome dans le contexte de l'éthique chrétienne, comme le font de nombreux théologiens de la morale germanophones, cela ne signifie pas nécessairement une décision en faveur d'un mode de pensée philosophique particulier en matière d'éthique, mais reflète uniquement l'idée que le fondement des jugements est obtenu par des moyens philosophiques. Le contexte de la découverte selon laquelle les valeurs et obligations éthiques contribuent considérablement à la motivation éthique, c'est-à-dire à la motivation pour l'éthique, est attribué à la théologie. Finalement, une approche théologique de l'éthique – il suffit de considérer la doctrine de la grâce et de la justification – a une fonction très spécifique. La théologie est importante pour la découverte de problèmes éthiques, pour la conscience morale, la motivation morale et lorsqu'il s'agit de relativiser des jugements moraux sur les personnes. Contrairement à Kant, le fait d'être humain n'est pas symbolisé par la faculté morale mais par le besoin de salut, le «sentiment de dépendance absolue», pour compléter l'anthropologie de Kant par celle de Schleiermacher. Le bonheur, la liberté et Dieu ne sont pas des postulats philosophiques, mais plutôt des expériences religieuses spécifiques.

Par conséquent, on ne peut pas attendre de la théologie qu'elle remplace, contourne ou modifie les arguments éthiques dans le débat biomédical et biotechnologique en général ou dans le débat sur la génétique humaine en particulier. Cela peut être illustré par un exemple. Dans le débat sur la protection de l'embryon, l'Eglise catholique ne s'étend pas trop longuement sur le fait que, dès le début, les humains sont l'image de Dieu, et par conséquent porteurs de dignité, c'est-à-dire du statut de personne devant Dieu (la dignité de l'humain et de la personne sont interchangeables dans les documents de l'Eglise). Toutefois, cette doctrine ne nous épargne-t-elle pas le besoin de réflexion philosophique par le biais de laquelle nous devons d'abord expliquer la signification de l'entité vivante lorsque nous évoquons l'image de Dieu? Cela pourrait donner naissance à une spéculation abstruse. En fonction du «biblicisme» par exemple, les paroles du psalmiste «Dès le sein maternel j'ai été sous ta garde. Dès le ventre de ma mère tu as été mon Dieu» (psaume 22, 10) pourraient signifier qu'il faut comprendre que le fait d'être l'image de Dieu débute à la naissance. Ou les termes du psaume 51, 5 «Et ma mère m'a conçu dans le péché» pourraient être interprétés comme le fait que le statut de personne commence à la conception. La Bible ne peut pas être utilisée pour répondre à des questions qui n'existaient pas à l'époque biblique. Il est plus probable que sa méthode discursive puisse servir de modèle pour résoudre des problèmes controversés.

Une approche positiviste qui considère l'œuf fécondé comme une personne uniquement pour des raisons de prudence (ce que l'on appelle le tutiorisme) ne serait pas d'une grande aide non plus. Elle pourrait toutefois être renforcée par des arguments philosophiques sur la continuité de l'être humain depuis le commencement. Mais tout argument philosophique demeure vulnérable et hypothétique; il n'est jamais certain.

Si la justesse éthique n'est pas un sujet pour la théologie (à l'exception éventuellement sous la forme tautologique qui interdit le meurtre, lorsque le meurtre est par définition non éthique), l'argument théologique peut «uniquement» porter sur les observations éthiques dans le contexte du conditionnement anthropologique. C'est pertinent d'un point de vue éthique sans retirer aux méthodes philosophiques leur validité. Cela ne signifie nullement que l'importance de la théologie est minimisée ou atténuée. L'importance de tels arguments contextuels peut résider dans le fait qu'ils modifient le contexte éthique dans son ensemble, et, en procédant de la sorte, peuvent influencer considérablement l'importance relative des arguments éthiques. Je vais maintenant illustrer cette idée.

Lorsque l'on m'a demandé s'il existait un argument théologique pertinent contre le clonage des êtres humains, j'ai répondu, sans négliger les explications précédentes, que la diversité de l'humanité est un commandement de la Création. Il s'agit de la conclusion de Ellen van Wolde dans l'étude de la Genèse, XI. Les nombreuses langues imposées par Dieu ne sont pas une réponse à l'orgueil humain, car les tours qui s'élevaient vers le ciel n'étaient en aucun cas interprétées comme donnant l'assaut aux cieux. (C'est mieux connu des orientalistes que des prédicateurs!) C'est la concentration urbaine de l'humanité, son inclination à l'uniformité dans la culture (et la religion?) qui a déplu à Dieu. Par conséquent, il a rappelé au peuple le commandement de la Création selon lequel il faut peupler la terre entière, et il a dispersé l'humanité en diversifiant les langues. Quelque chose de similaire s'est reproduit à la

Pentecôte: l'Evangile, communicable en dépit des nombreuses langues, s'est répandue dans le monde entier. Bien entendu, la diversité, plutôt que la répétition de la même chose, peut uniquement être appliquée comme un argument théologique si nous disposons de bons arguments éthiques en sa faveur, et c'est le cas, comme j'ai tenté de le démontrer ci-dessus. Tout comme l'idée que la personne est l'image de Dieu et l'idée de la dignité sont simplement une source d'inspiration dans le domaine de l'éthique, et non des substituts d'arguments, la considération sur la diversité est un stimulus théologique mais non un substitut d'arguments.

Les effets stimulants de telles considérations éthiques transcendent le problème lui-même. Cela peut être démontré par exemple par le concept de la finitude, c'est-à-dire la contingence. De toute évidence, la contingence est également un concept philosophique. Dans la philosophie classique, en revanche, la contingence signifie la dépendance de l'être, le fait d'être dépendant du temps, fini dans le sens de se terminer par la mort, capable d'erreurs, l'imperfection de tout ce qui est humain. C'est exactement ce que signifie le théorème théologique du statut de créature de l'humanité – ne pas être comme Dieu. D'un point de vue théologique et philosophique – les deux approches sont associées chez Pascal par exemple –, en tentant de transcender sa propre finitude, l'humanité perdrait la qualité de ce qui la rend humaine. La théologie exprime cela sous forme de récit dans l'histoire de la Chute. La philosophie attire l'attention sur le fait que c'est précisément dans la corporalité de l'être humain que l'épanouissement et la liberté de la volonté sont situés (par exemple selon Merleau-Ponty), que la finitude est la forme qu'incarne la possibilité du bonheur.

La finitude pourrait être un concept sur lequel la théologie et la philosophie convergent. Elle est pertinente dans le domaine de l'éthique car elle interprète l'approche suivante comme le fait de ne pas saisir le véritable sens du fait d'être humain: l'attente de la perfectibilité de l'humanité, de la possibilité de tout réussir et d'être encore capable de corriger tous les problèmes qui sont de nouveau créés par la résolution de problèmes. Cette interprétation modifie considérablement le contexte du débat biomédical et biotechnique. Par exemple, cela apporte de l'eau au moulin de la règle éthique de la résolution des problèmes: l'on ne doit pas résoudre de problèmes de telle manière que les problèmes qui en résultent soient plus importants que les problèmes résolus. Je ne crois pas que le paradigme du progrès dans la biotechnologie moderne, y compris la génétique humaine, tienne compte de cette idée contextuelle. Dans le domaine de la biopolitique, j'ai observé qu'à cet égard les Européens du continent, même s'ils sont agnostiques, peuvent en être convaincus plus facilement que les habitants des Etats-Unis, même s'ils se considèrent comme Chrétiens. Comment cela est-il possible?

En conclusion, j'introduirais un quatrième argument théologique – après les arguments relatifs au fait d'être à l'image de Dieu, au commandement de la Création à la diversité, et à la finitude – qui, à mon avis, manque cruellement dans le contexte de la réflexion: la vulnérabilité de l'humanité. Par analogie avec «l'option pour les pauvres» théologique, dans notre contexte (biotechnologie, génétique humaine), il est possible de formuler une option pour la priorité des personnes vulnérables. Ici, il est probable que l'on se heurte à un manque de compréhension dans le contexte laïc. Le pragmatique moyen discutant d'éthique dans les groupes de conseillers politiques va certainement reconnaître que l'on doit respecter les personnes handicapées et les personnes incompétentes, et même (à un degré plus ou moins élevé) les fœtus et les embryons. Mais il manifestera peu de compréhension face à un théorème théologique tel que la «prophétie des personnes handicapées». Et pourtant, il est facile d'expliquer ce que cela signifie: le fait d'être vraiment handcapé nous rappelle que nous sommes tous en quelque sorte handicapés. Cela nous rappelle notre finitude.

En cherchant des jugements éthiques dans un monde qui va de plus en plus vite et où le doute est en suspens, il est souvent tentant de représenter des personnes qui s'expriment avec difficultés et ne sont pas en mesure de défendre leurs intérêts et d'exprimer leur opinion par elles-mêmes en extrapolant leur intention présumée par une déduction analogue. L'illusion du «consentement éclairé» est élargie pour les inclure. Curieusement, ce processus en lui-même tend à les instrumentaliser.

Lorsque, par exemple, la Convention du Conseil de l'Europe sur les droits de l'homme et la biomédecine a tenté de formuler les conditions sous lesquelles la recherche au bénéfice des autres pourrait être menée sur les personnes incapables de donner leur consentement, elle a oublié de garantir la possibilité de retirer le consentement donné par procuration. Cette omission peut refléter toute une mentalité!

Il existe une aura de vulnérabilité à propos des personnes qui ne peuvent défendre leurs droits, l'éclat du papillon que l'on ne peut toucher. Veuillez excuser l'expression poétique, mais je souhaite illustrer que nous nous trouvons ici face à un besoin accru de sensibilité. La sensibilité peut facilement être déclamée. Il nous incombe alors de prouver qu'elle n'est pas présente. Aujourd'hui, nous vivons avec l'idéal de la personne jeune et forte, idéal pour lequel Paul a réprimandé les Corinthiens. Ce n'est pas seulement une question de développer une culture de la perception et des sentiments (bien que cela soit également nécessaire). Il est question du rôle des tabous qui découlent d'expériences historiques, par exemple le code de Nuremberg, qui interdit simplement l'expérimentation sur les personnes qui ne sont pas capables d'autodétermination. Les tabous peuvent se justifier d'un point de vue éthique uniquement s'ils sont considérés comme des barrières d'avertissement. Ils n'appartiennent pas à la justification éthique mais à son contexte, qui modifie l'importance de la justification. En d'autres termes, les situations de vulnérabilité requièrent de la prudence.

La réticence de l'Eglise catholique à cet égard me laisse perplexe. L'Eglise n'a pas réagi, ou a réagi par un accord prudent, aux textes consultatifs internationaux, aux déclarations (Unesco) et aux conventions (Conseil de l'Europe). En revanche, elle sanctionne les théologiens et les fidèles pour des raisons qui sont difficiles à défendre. Même la suspicion d'ambiguïté dans l'entretien de conseil en cas de grossesse (entretien obligatoire dans les trois mois pendant lesquels l'avortement n'est pas pénalisé), qui pourrait être (mais ne l'est pas en pratique) de la responsabilité des services de conseils liés à l'Eglise, a débouché sur une ingérence véhémente dans les actions des évêques allemands par le pape et le préfet de la

Congrégation pour la doctrine de la foi. Pas même les pratiques fondées sur des considérations de clémence peuvent entacher la robe blanche et impeccable d'enseignant de l'Eglise catholique, qui interdit l'avortement et le condamne par l'excommunication. En revanche, les autorités religieuses critiquent à peine, ou seulement de façon très indirecte et abstraite, les éventuels abus de la biotechnologie, c'est-à-dire la génétique humaine. L'Eglise catholique devrait-elle, en opposition aux intentions de la Constitution pastorale de Vatican II, aller vers une séparation entre le message destiné au monde et le message destiné à l'Eglise? La propension à prêter une attention soutenue uniquement aux problèmes éthiques lorsqu'il s'agit de problèmes ecclésiastiques exacerbe le repli dans le ghetto catholique plus que ce ne serait le cas avec une critique bien argumentée du système «moderne» fondé sur l'interdépendance de la recherche, la technologie et l'économie. Aussi anciennes et sages que puissent se considérer les autorités religieuses, la discussion sur la «bioéthique» n'a pas encore eu lieu; ce n'est pas fini.

La question anthropologique: le statut éthique de l'embryon au stade précoce

Qu'est-ce qu'un ovule fécondé, un embryon au stade précoce, d'un point de vue anthropologique (philosophique)? La Convention du Conseil de l'Europe sur les droits de l'homme et la biomédecine, comme nous l'avons vu, offre trois réponses possibles, qui sont mentionnées dans le protocole relatif au clonage humain.

- une personne;
- un être humain; et
- un groupement de cellules humaines.

Je suggère que la dernière de ces trois possibilités soit exclue, car il existe en fait une différence importante entre les cellules germinales humaines, c'est-à-dire les ovules et les spermatozoïdes, et un embryon au stade précoce. L'embryon a un sexe! C'est un fait que l'embryon a la capacité – et pas simplement dans le sens d'un potentiel abstrait, mais plutôt dans le sens d'une véritable capacité – de devenir un être humain, si son développement suit l'intention inhérente, c'est-à-dire lorsque rien n'est entrepris ou omis au détriment de son développement. L'objection selon laquelle la «nature» n'implante pas non plus tous les ovules fécondés ne compte pas dans ce contexte, car la nature ne peut être traitée comme un sujet moralement responsable. Toute personne qui n'est pas prête à accepter la «nature» comme un argument éthiquement restrictif ne devrait pas tenter de l'utiliser comme un argument en faveur de l'indifférence, lorsqu'il s'agit d'élaborer des règles.

Si toutefois, en parlant d'un embryon, nous faisons référence à un être humain, nous devons au minimum évoquer le fait que celui-ci a un statut important d'un point de vue moral. Peut-on soutenir, sur la base de ce statut, que chaque embryon est porteur des droits individuels qui empêchent sa destruction, voire son exposition à un risque? A mon avis, ceux qui ne veulent pas protéger individuellement les embryons, mais préfèrent les protéger uniquement comme une sorte particulière de «matériel biologique» qui doit être traité avec respect, en autorisant leur utilisation uniquement à un degré très limité, violent déjà le statut moral d'un être humain que je viens de mentionner. Mon point de vue repose, bien entendu, sur le principe que le fait d'appartenir à l'espèce humaine implique un droit particulier à la protection qui transcende celui obtenu pour les animaux.

Mais la question n'est-elle pas plus vaste que cela? La position catholique découle de l'hypothèse selon laquelle un embryon doit être traité «comme une personne». Cette formulation est choisie avec soin, dans la mesure où elle ne signifie pas simplement que les embryons sont identiques à des personnes. D'aucuns affirment bien entendu que, en raison de l'unité du développement humain et en raison de sa continuité, dans le sens où il ne peut être décomposé en phases totalement différentes, même selon les principaux stades de développement – et en fait en raison des conséquences imprévisibles que cela aurait pour les autres domaines si l'on commence à faire la distinction entre les êtres humains sur la base de ce type de caractéristiques personnelles – il est impossible de faire la distinction entre les «êtres humains» et les «personnes», et de leur attribuer deux niveaux différents. Le principal argument ici est donc la continuité et le caractère indivisible de l'être humain. De ce fait, l'embryon acquiert un statut moral qui confère une protection totale de la vie et n'autorise pas la recherche sur les embryons qui les traite comme une matière première. Si l'on soutient ce statut, la vie en tant que droit fondamental ne peut être mise en balance avec des considérations de plus haut rang.

Cette position, qui est elle-même défendue d'un point de vue philosophique – en l'absence dans ce domaine de révélations capables, et de façon démontrée, de transcender un ici et maintenant particulier, une position théologique ne peut qu'être soutenue philosophiquement – peut également être attaquée pour des raisons philosophiques.

Cette position exclut également la possibilité d'une distinction devenue courante dans le pragmatisme indifférent des sciences concernées, c'est-à-dire celle faite entre les embryons considérés comme valables, à utiliser pour l'implantation, et les embryons considérés comme non valables, à utiliser pour la recherche. Avec ce genre de «décisionisme», on se prive de tout besoin de réflexion éthique supplémentaire.

Les personnes soutenant la recherche qui utilise les embryons comme matière première ont tendance à faire des absolus à partir des options médicales et des bénéfices thérapeutiques, qui ne sont que des bénéfices potentiels et en aucun cas certains. Toutefois, la recherche utilise du matériel aujourd'hui, et de façon irrémédiable. Les intérêts des futures malades sont importants, mais ne doivent pas être transformés en absolus dans une société qui a besoin de souscrire à toutes les valeurs en la matière. La solidarité sociale reflétée dans les ressources placées à la disposition des chercheurs doit également refléter des priorités.

Bibliographie

Ach, Johann S., Brudermüller, Gerd et Runtenberg, Christa, *Hello Dolly? Über das Klonen,* Suhrkamp, Francfort-sur-le-Main, 1998.

Haker, Hiller et Beyleveld, Deryck, *The Ethics of Genetics in Human Reproduction,* Ashgate, Aldershot (Grande-Bretagne/ Burlington (Etats-Unis), 2000 (The status of the Embryo 59-100, Legal regulations 215-294).

Kaiser, Gerz et Schmidt, Sabine, «Stammzellen und therapeutisches Klonen – Biomedizin ohne Grenzen?», in *Das Magazin,* nº 12, Wissenschaftszentrum Nordrhein-Westfalen, Düsseldorf, 2001.

Mieth, D., *Moral und Erfahrung II, Grundlagen einer experientiellen Ethik,* Studien zur Theologischen Ethik, Fribourg (Suisse), 1998.

Le droit face au clonage

par Maxime Tardu

Face aux progrès scientifiques révolutionnaires comme ceux de la nouvelle biologie, le premier instinct du juriste est de rester coi. Ses repères habituels sens dessus dessous, le juriste temporise pour en construire de nouveaux. En témoigne le nombre d'Etats où le clonage reste une zone grise, voire une *terra juridica incognita.*

Pourtant, toute réflexion juridique écourtée, lois et traités peuvent très vite émerger, sous l'effet de puissantes dynamiques d'opinion. Celles-ci sont nourries souvent de réactions collectives émotionnelles.

De telles dynamiques ont pu valoriser certaines découvertes, comme en témoigne l'enthousiasme pour les vaccinations obligatoires. Le clonage humain est aujourd'hui, en revanche, la cible de «déferlantes» majoritairement négatives.

On constate ainsi, depuis la naissance de Dolly en 1996, l'accélération du processus d'interdiction législative en plusieurs pays. Interdiction qui va même jusqu'à englober parfois les recherches à but thérapeutique.

Parallèlement, au plan international, un texte contraignant – le Protocole additionnel de 1998 à la Convention du Conseil de l'Europe sur les droits de l'homme et la biomédecine[1] – interdit expressément le clonage reproductif. Plusieurs textes internationaux proclamatoires, notamment la déclaration de l'Unesco sur le génome humain, y font écho ou étendent même la portée de l'interdiction[2].

La distinction entre clonage reproductif* et clonage à fins thérapeutiques*, interdisant la première mais valorisant la deuxième technique, est certes proclamée dans certaines lois et recommandations multilatérales, mais les textes à cet effet sont encore peu nombreux. De même, l'approche du moratoire demeure encore minoritaire.

Clonage reproductif: clonage en vue de produire des individus génétiquement identiques (par transfert nucléaire de cellules somatiques d'un adulte ou d'un enfant, ou par division artificielle de l'embryon).

Clonage à fins thérapeutiques: clonage dont le but n'est pas la réimplantation utérine du clone, mais son utilisation pour des expériences ayant un but thérapeutique à long terme, ou utilisables pour la croissance de tissus afin d'effectuer des transplantations thérapeutiques.

1. Protocole additionnel à la Convention pour la protection des droits de l'homme et de la dignité de l'être humain à l'égard des applications de la biologie et de la médecine, portant interdiction du clonage d'êtres humains, STE n° 168, 1998.

2. Déclaration universelle sur le génome humain et les droits de l'homme, Unesco, 11 novembre 1997.

J'ébaucherai, dans une première partie, une typologie des droits nationaux, avant de passer dans la deuxième partie au droit international applicable en la matière.

Typologie des droits nationaux concernant le clonage humain

Prohibition globale

Parmi les législations qui mentionnent expressément le clonage, un groupe substantiel semble prohiber cette pratique – et même parfois la recherche – sous toutes ses formes, clonage reproductif aussi bien que clonage thérapeutique. Citons, par exemple, l'Allemagne, dont la loi sur la protection de l'embryon humain du 13 décembre 1990[1], article 6, est assortie de sanctions pénales pouvant aller jusqu'à cinq ans de prison. La nouvelle Constitution suisse, entrée en vigueur le 1er janvier 2000[2], en son article 119, paragraphe 2.*a,* dispose que «la Confédération légifère sur l'utilisation du patrimoine germinal et génétique humain. Ce faisant, elle [...] respecte notamment les principes suivants: *a.* toute forme de clonage et toute intervention dans le patrimoine génétique de gamètes et d'embryons humains sont interdites».

Un projet de loi visant à exclure toute forme de clonage est en préparation au Canada. Pour certains Etats, le contexte normatif existant aurait pour effet d'exclure le clonage. Il en est ainsi en Grèce, en vertu de la législation générale et de la Constitution. En Irlande, la protection constitutionnelle de la personne «dès le moment de la conception» vaudrait prohibition du clonage.

En France, compte tenu du rapport du Comité consultatif national d'éthique du 22 avril 1997, certains estimaient en 1998 qu'une nouvelle loi n'était pas nécessaire: plusieurs dispositions du Code de la santé publique et du Code civil, combinées, auraient pour effet une interdiction étendue en matière de clonage. Toutefois, les lois de bioéthique de 1998, qui ne prévoyaient pas explicitement l'interdiction du clonage humain, sont actuellement en cours de révision.

1. *Bundesgesetzblatt*, partie I, 19 décembre 1990.

2. *Recueil officiel des lois fédérales*, 26 octobre 1999, n° 42.

La situation juridique aux Etats-Unis: de la liberté à l'interdiction?

Aux Etats-Unis, le projet de loi qui a été adopté en août 2001 par la Chambre des représentants, soumis à présent au vote du Sénat, interdit non seulement le clonage reproductif mais aussi toute création d'embryons à visée thérapeutique[1]. Un certain nombre d'Etats, y compris la Californie, ont déjà adopté des lois prohibitives ou restrictives.

Auparavant, la Food et Drug Administration (FDA) américaine avait tenté d'affirmer son pouvoir d'interdire le clonage. Elle invoquait le *Public Health Service Act* qui lui donne compétence de réglementer tout «produit biologique[2]». Cette interprétation extensive a été niée par maints constitutionnalistes américains. En tous les cas, la FDA devrait se borner à évaluer l'efficacité et l'impact du clonage sur la santé des personnes concernées, sans pouvoir le juger au regard de l'éthique.

La question essentielle est de savoir quelle attitude aurait la Cour suprême des Etats-Unis à l'égard des lois prohibitives fédérales et des Etats. Les éthiciens et juristes américains opposés à l'interdiction radicale du clonage soulignent la longue tradition libérale de la cour quant au choix du mode de «procréation». La liberté de procréer a été perçue par la cour comme un «droit fondamental» sous l'empire notamment du quatorzième amendement[3] *(«Due Process Clause»)* à la Constitution des Etats-Unis. Mais s'agit-il toujours, en matière de clonage, de «procréation», ou plutôt de «reproduction» au sens étroit du terme, ou de «réplication»? La cour étendrait-elle sa protection au clonage, mode non coïtal, non sexué, de reproduction?

Concepts éthiques invoqués à l'appui des lois prohibitives

Le grand débat éthique autour du clonage est analysé par les auteurs d'autres articles dans cette publication. Je me limiterai donc à essayer de mettre en lumière les principaux concepts éthiques qui sous-tendent les interdictions législatives. Il faut se référer non seulement aux textes de lois, mais aussi – autant que possible – aux débats parlementaires, aux rapports de comités d'experts presque toujours consultés et au contexte du

1. *International Herald Tribune*, 16 août 2001.

2. *Washington Post*, 23 mai 2001.

3. Outre le célèbre arrêt *Roe c. Wade*, on a cité, par exemple, les arrêts *Eisenstadt c. Baird*, 405 US 438, 453 (1973); *Clevelet Board of Education c. Le Eleur*, 414 US 632, 639 (1974); et *Planned Parenthood c. Casey*, 505 US 833, 851 (1992).

débat philosophique et juridique dans les congrès spécialisés et autres réunions associatives.

L'argument invoqué le plus radical, qui suscite les controverses les plus aiguës, est celui du «droit à la vie» de l'embryon. A cet égard, le débat sur le clonage à visée thérapeutique recoupe évidemment celui sur l'avortement. Cet argument apparaît plutôt dans les travaux préparatoires et les exposés de motifs que dans le dispositif des lois. On a noté plus haut, cependant, que la Constitution irlandaise, en particulier, garantit «la protection de l'individu dès le moment de la conception».

Les opposants aux lois prohibitives anticlonage – en partie les mêmes que les partisans du «libre choix» dans le débat sur l'avortement – nient toute caractéristique de vie humaine ou de personnalité humaine à l'embryon. Du moins le nient-ils en ce qui concerne l'agrégat de cellules indifférenciées dans les premiers jours après la conception, au moment même de l'intervention aux fins de clonage thérapeutique.

On a fait valoir en outre que le droit à la vie de l'embryon paraissait, sinon rejeté, au moins controversé, dans les traités internationaux sur les droits de la personne ratifiés par les Etats concernés. Sur ce sujet, on se rapportera à la deuxième partie de ce chapitre.

Un argument, voisin en apparence mais distinct, consiste à dire que l'embryon doit être protégé en raison du potentiel de vie humaine qu'il porte en lui. Lors des travaux préparatoires au protocole additionnel du Conseil de l'Europe, la France a déclaré: «Il est permis de penser que la prohibition des atteintes à la dignité édictée par la législation française trouve application quand bien même la personne ne serait, au moment où se réalise l'opération du clonage, que la personne future appelée à naître[1]...»

Cette citation met en relief le principe le plus souvent invoqué par les lois restrictives: le respect de la dignité humaine. Il est inscrit dans la nouvelle Constitution suisse, par exemple, pour justifier l'interdiction de «toute forme de clonage». En France, ce principe, inscrit notamment à l'article 16 du Code civil, paraît avoir reçu valeur constitutionnelle à la suite de la décision rendue sur les lois bioéthiques par le Conseil

1. Conseil de l'Europe, 1998, p. 230.

constitutionnel le 27 juillet 1994. L'avis du 22 avril 1997 du Comité consultatif national de l'éthique a estimé que «quelle qu'en soit la finalité et quelle que soit la technique employée, toute forme de clonage, dès lors qu'elle consiste à introduire une reproduction asexuée dans l'espèce humaine, constitue une mise en cause radicale de la dignité de la personne».

Des clauses ou affirmations de ce type ont paru obscures et dogmatiques à certains juristes[1]. En quoi précisément, ont-ils demandé, la réputation et l'estime de soi des personnes en cause seraient-elles diminuées par le seul fait du clonage?

Les défenseurs des clauses sur la «dignité humaine» ont alors invoqué la crainte d'«instrumentalisation» des personnes[2]. Sans nier que le clonage puisse dériver vers des pratiques condamnables analogues à l'esclavage – aux seules fins, par exemple, de constituer un réservoir d'organes à greffer –, d'autres ont observé que toute avancée en biologie comportait des risques d'abus. Il convenait de distinguer ces risques de l'avancée elle-même et de ne pas «jeter le bébé avec l'eau du bain».

Les risques d'atteinte à la «personnalité» ou à l'«individualité» ont aussi été mentionnés dans plusieurs législations, dont – encore – la Constitution suisse. On a cependant fait valoir que, même pour les jumeaux monozygotes élevés dans la même famille et les mêmes écoles, une identité absolue de personnalités n'était pas constatée. Les différences d'environnement et d'expériences entre le clone et son créateur, comme la contribution biologique de la mère, empêcheraient le développement de pures et simples répliques.

Le recours du législateur à un concept voisin, l'«intégrité» de la personne, a été lui aussi critiqué. Plusieurs commentateurs ont déclaré ne pas voir clairement de quelle manière ou dans quelle mesure aucun des trois acteurs du clonage pourrait être affecté dans son corps ou dans son psychisme par l'opération[3].

Les risques de sélection abusive et d'«eugénisme» ont été mentionnés par diverses lois restrictives. Les opposants sont convenus qu'un tel danger existait, mais sans admettre qu'il s'agissait d'un risque spécifique au clonage ou d'un péril plus important pour le clonage que pour d'autres techniques reproductives. Le diagnostic préimplantatoire, en particulier, pourrait impliquer

1. Voir Robertson, 2000, et Harris, 2000.

2. Voir par exemple l'*Opinion d'un groupe de conseillers sur les implications éthiques de la biotechnologie*, rapport soumis à la Commission européenne, n° 9, 28 mai 1997.

3. Voir American Society for Reproductive Medicine, 2000, pp. 274-275.

des risques égaux sinon supérieurs d'eugénisme dans un contexte social de plus en plus permissif en matière d'avortement. Pourtant, l'attention du public se focalise surtout sur le clonage.

Les risques d'atteintes graves à la santé et de développement défectueux du clone ont été soulignés dans les débats législatifs comme dans les réunions scientifiques.

Enfin, on fait valoir à l'appui des lois restrictives qu'une recombinaison génétique naturelle offrirait aux êtres humains une plus grande liberté qu'une composition génétique prédéterminée. Il serait donc dans l'intérêt de chacun de conserver le caractère essentiellement aléatoire de ses propres gènes[1]. On a toutefois souligné que ce risque devait être minimisé, compte tenu du fait que le clonage, même bénéficiant de progrès techniques, resterait très probablement un mode exceptionnel de reproduction humaine[2].

Au terme de cette brève analyse, on constate que les lois prohibitives comme les travaux préparatoires mentionnent peu ou pas du tout les situations considérées pourtant comme justifiant le clonage reproductif par divers commentateurs, par exemple certains cas de stérilité dans le cadre de couples stables ayant un projet parental.

En outre, il est frappant de voir que ces législations prohibitives jettent l'anathème, en bloc, même sur le clonage à des fins thérapeutiques. On ne nie pas les bienfaits de ces dernières techniques pour la promotion de la santé humaine, mais elles sont proscrites sur la base de deux arguments alternatifs: le «droit à la vie de l'embryon» (voir plus haut) ou le grand risque de passage du thérapeutique au reproductif, s'agissant du même processus biologique jusqu'à un certain stade.

Acceptation du clonage à des fins thérapeutiques ou de recherche

Dans quelques pays, le clonage est interdit s'il vise la création d'une personne, mais il est autorisé, sous certaines conditions et dans certaines limites, à des fins de recherche ou de guérison.

1. Voir par exemple Conseil de l'Europe, *Rapport explicatif sur le protocole interdisant le clonage reproductif*, 25 juillet 2001, paragraphe 3.

2. Voir American Society for Reproductive Medicine, 2000.

Au Royaume-Uni, le clonage reproductif est interdit par la loi de 2001 sur le clonage reproductif humain, qui sanctionne l'implantation dans une femme d'un embryon humain créé autrement que par la fécondation.

En ce qui concerne le clonage thérapeutique, un autre texte normatif, à savoir le règlement de 2001 sur la fécondation et l'embryologie humaines aux fins de recherche, peut permettre un tel procédé. Cependant, en vertu de ce texte, un permis doit être obtenu, avant toutes recherches entreprises, auprès de la Human Fertilisation and Embryology Authority, organe public créé en 1990 qui regroupe des scientifiques et des experts en matière d'éthique.

Aux Pays-Bas, un projet de législation similaire proscrit le clonage reproductif mais permettrait la recherche *in vitro* sur les embryons, sous certaines conditions, notamment quand la recherche laisse espérer des résultats significatifs pour la science médicale.

Il faut également citer le mouvement législatif récent de la France allant en général dans une direction comparable.

En Chine, selon des informations non officielles, un Comité consultatif scientifique sur le génome humain aurait, en décembre 2000, proposé l'interdiction du clonage reproductif tandis que la recherche en vue de créer des organes humains aux fins de traitement médical serait autorisée[1].

Les lois de ce type reconnaissent le grand intérêt de certaines recherches sur les embryons, voire du clonage thérapeutique, pour promouvoir le droit de tous à la meilleure santé possible. Ils accordent, à juste titre, selon nous, la priorité à ce droit de la personne sur les droits à la «vie» et à la «dignité» de l'embryon invoqués par les législations décrites dans la section précédente.

En revanche, dans ces systèmes juridiques, les aspects concernant d'autres droits de la personne, dont le droit de fonder une famille, invoqués pour justifier le clonage reproductif, paraissent toujours perçus comme secondaires par rapport aux craintes d'instrumentalisation et aux autres arguments exami-

1. *Nature Medicine*, n° 5, vol. 7, mai 2001.

nés précédemment qui sous-tendent l'interdiction de cette forme de clonage.

Dans l'ensemble, ces mouvements législatifs récents paraissent aller dans la bonne direction. Ils introduisent des distinctions nécessaires en faveur du droit à la santé dans un domaine qui menaçait d'être un monolithe juridique de négation.

Les systèmes de moratoire

Plusieurs experts ont prôné l'instauration d'un moratoire au cours duquel certaines interventions concernant les embryons seraient interdites pour permettre une analyse plus fine et plus sereine de tous les aspects scientifiques, éthiques, sociaux et juridiques du clonage[1].

Un tel moratoire avait été proclamé pour cinq ans, par exemple, en Israël[2] par une loi du 29 décembre 1998, en ce qui concerne le clonage reproductif. Un comité consultatif d'experts avait été chargé de suivre les progrès scientifiques en la matière et de soumettre au ministre de la Santé un rapport annuel et des recommandations. Ce dernier pouvait, sur recommandation du comité, et «s'il estime qu'il n'est pas porté atteinte à la dignité humaine», autoriser, sous certaines réserves et sujets à contrôle, certains types de clonage reproductif.

En Fédération de Russie, un projet de loi visant à établir un moratoire de cinq ans sur le clonage humain a été transmis à la Douma (chambre basse du parlement) en août 2001.

Cette approche présente le grand avantage de permettre à la réflexion de prendre peu à peu le dessus sur les réflexes émotionnels. Aux conditions essentielles que son objet soit bien précisé et qu'il soit assorti de contrôles efficaces – ce qui exige une volonté politique et des ressources scientifiques et budgétaires –, le moratoire peut constituer une réponse appropriée dans les circonstances actuelles.

Il ne constitue néanmoins pas une panacée, car l'expérimentation sur les animaux n'est jamais une garantie absolue d'applicabilité aux humains.

1. Voir American Society for Reproductive Medicine, 2000, p. 875.

2. *Sefer Hacherkkim*, 7 janvier 1999, n° 1697, p. 47.

Il est regrettable de constater le très petit nombre de lois qui instituent un moratoire.

Le clonage au regard du droit international des droits de la personne

Les traités

Le protocole du Conseil de l'Europe

Le protocole à la Convention pour la protection des droits de l'homme et de la dignité de l'être humain à l'égard des applications de la biologie et de la médecine est entrée en vigueur le 1er mars 2001.

Les Etats Parties étaient au 8 avril 2002 Chypre, la République tchèque, l'Estonie, la Géorgie, la Grèce, la Hongrie, le Portugal, la Roumanie, la Slovaquie, la Slovénie et l'Espagne. Soulignons la portée géographique potentiellement considérable de cet instrument: il est en effet ouvert à tous les Etats signataires de la Convention mère de 1997 sur les droits de l'homme et la biomédecine, ce qui peut inclure les Etats non membres qui ont participé à l'élaboration de ce dernier texte[1], ainsi que d'autres pays non membres par décision spéciale du Comité des Ministres[2].

Le protocole[3], seul instrument international contraignant, en son article 1, interdit «toute intervention ayant pour but de créer un être humain génétiquement identique à un autre être humain vivant ou mort». Il est précisé que l'on vise «un être humain ayant en commun avec un autre l'ensemble des gènes nucléaires». Aucune dérogation n'est permise.

Ce protocole est soumis à la même procédure internationale de mise en œuvre que la convention, soit un système de rapports gouvernementaux examinés par un comité d'experts. La Cour européenne des Droits de l'Homme peut donner des avis consultatifs concernant l'interprétation du traité, sur saisine d'un Etat Partie ou du comité d'experts sous certaines conditions. La Cour n'est pas habilitée, cependant, à recevoir des plaintes alléguant la violation du protocole ou de la convention.

1. Article 33, paragraphe 1 de la convention.

2. Article 34 de la convention.

3. Série des traités européens, n° 168.

Autres traités pertinents concernant les droits de la personne

Le protocole du Conseil de l'Europe est à l'heure actuelle le seul traité intergouvernemental qui traite expressément du clonage.

Il faut souligner qu'une directive de l'Union européenne au moins le mentionne aussi, celle de 1998 sur la protection juridique des inventions biotechnologiques[1]. Elle déclare non brevetables, étant «contraires à l'ordre public ou aux bonnes mœurs», notamment «les procédés de clonage des êtres humains».

On pourrait concevoir que la Cour de justice des Communautés ou d'autres organes de l'Union, invoquant les Traités de Maastricht et d'Amsterdam comme la jurisprudence de la Cour européenne des Droits de l'Homme du Conseil de l'Europe, formulent à l'avenir des textes obligatoires de portée plus étendue sur le clonage et les interventions sur l'embryon. Notons que la Charte des droits fondamentaux, adoptée lors du Sommet de Nice en 2000, porte en son article 3, paragraphe 2, «interdiction du clonage reproductif des êtres humains». Il s'agit toutefois d'un texte seulement proclamatoire.

Mis à part ces aspects communautaires spéciaux, de nombreux traités antérieurs au protocole pourraient être éventuellement pris en considération. Certes, ils ne mentionnent pas explicitement le clonage, pour la bonne raison qu'ils ont été conclus dans un passé où il paraissait souvent s'agir de science-fiction. En outre, le contexte de ces instruments pourrait conduire à considérer comme abusif leur applicabilité au clonage, selon l'article 31 de la Convention de Vienne sur le droit des traités. Néanmoins, les travaux préparatoires montrent que les auteurs entendaient souvent légiférer ou dire le droit en tenant compte de toutes les situations futures, y compris toutes les avancées scientifiques dont on pressentait l'accélération. Aussi me paraît-il légitime de mentionner brièvement ces traités généraux sur les droits de la personne.

Il va de soi que ces conventions générales, dans la mesure où elles pourraient être interprétées comme acceptant le clonage reproductif, apparaîtraient comme inapplicables pour les Parties aux deux traités de par leur antériorité vis-à-vis du

1. Directive 98/44/CE du 6 juillet 1998, *JO des Communautés européennes*, n° L213, 30 juillet 1998, pp. 13-21.

protocole du Conseil de l'Europe[1]. Cependant, leur pertinence mériterait toujours d'être examinée à l'égard des Etats non parties au protocole et, même pour ceux qui l'ont ratifié, en ce qui concerne toutes les autres formes de clonage.

En faveur de l'interdiction du clonage, on a mentionné le préambule de la Convention sur les droits de l'enfant. Le neuvième considérant déclare que l'enfant a besoin «d'une protection spéciale et de soins spéciaux, notamment d'une protection juridique appropriée, avant comme après la naissance».

Certains Etats voient dans cette clause la consécration du droit à la vie dès la conception, ce qui exclurait tout clonage. Interprétation discutable, car ce préambule a été adopté moyennant l'abandon formel d'amendements analogues à l'article 1 du dispositif qui définit l'«enfant[2]».

Le droit à la vie «en général dès la conception» est proclamé à l'article 4, paragraphe 1, de la Convention interaméricaine des droits de l'homme de 1969. Toutefois, la Commission interaméricaine des droits de l'homme paraît, dans sa pratique, avoir nuancé la portée de ce texte[3].

En revanche, comme on le verra un peu plus loin, d'autres conventions ont été basées sur un rejet explicite du droit à la vie dès la conception.

L'esclavage, défini dès les conventions de 1919 et 1926 comme «l'état ou la condition d'un individu sur lequel s'exercent les attributs du droit de propriété ou certains d'entre eux[4]», pourrait-il être assimilé juridiquement à l'état du clone, physiquement ou psychiquement conditionné pour servir de manière exclusive d'instrument aux fins personnelles d'un autre? Ce serait un «plus» pour les adversaires du clonage, car l'interdiction de l'esclavage a été considérée par la Commission du droit international des Nations Unies comme une norme de *jus cogens* à valeur suprême.

Cependant, le contexte des traités antiesclavagistes comme leurs travaux préparatoires sont étrangers à ces préoccupations. En outre, une telle interprétation ferait un amalgame, dont la légitimité reste à démontrer, entre le clonage en soi et des conditionnements abusifs de la personne.

1. Article 30 de la Convention de Vienne sur le droit des traités.

2. Voir le rapport du Groupe de travail sur la convention à la Commission des droits de l'homme des Nations Unies, 1989, Doc. des Nations Unies E/CN4/1989/48, paragraphes 32 à 47 et 75 à 85, et opinion du conseiller juridique des Nations Unies annexée.

3. Voir Résolution n° 23/81, affaire 2141 (Etats-Unis), Convention interaméricaine des droits de l'homme, rapport annuel 1980-1981, Doc. OEA/Sér. L/V/II.54, Doc. 9 rév. 1, 16 octobre 1981.

4. Article 1 de la Convention de 1926 sur l'esclavage.

On a aussi tenté d'utiliser contre le clonage l'interdiction de la «torture et de tout autre [...] traitement cruel, inhumain ou dégradant», formule tirée de la Déclaration universelle des droits de l'homme et reprise à l'article 7 du Pacte international relatif aux droits civils et politiques, à l'article 3 de la Convention européenne des Droits de l'Homme et dans de nombreux autres instruments.

L'article 7 du pacte contient aussi une prohibition des expériences médicales sans consentement. On a ainsi soutenu que la mise au monde d'un clone sans son consentement, souffrant en tant que clone de graves atteintes à sa santé, violerait ces règles[1]. Il est possible que la Cour européenne des Droits de l'Homme soit amenée à se prononcer sur de tels arguments. Cependant, les problèmes de santé dont peuvent souffrir les clones seront peut-être éliminés ou réduits à l'avenir.

A cet égard, le droit au meilleur état de santé possible, prévu à l'article 12 du Pacte international relatif aux droits économiques, sociaux et culturels, et en d'autres traités, pourrait être invoqué par les adversaires du clonage, mais de manière non décisive, car l'article est ambivalent.

Les partisans d'une attitude plus nuancée sur le clonage peuvent, quant à eux, faire état de plusieurs textes, souvent ambigus eux aussi.

En ce qui concerne le droit à la vie, le pacte, comme la Convention européenne des Droits de l'Homme, ne le reconnaît pas «dès la conception». Des amendements à cet effet à l'article 6 du pacte ont été rejetés par un vote formel[2].

La «liberté de la personne» reconnue par le pacte, la Convention européenne des Droits de l'Homme et tous les traités sur les droits de la personne pourrait-elle, en ses termes généraux, comprendre le droit pour chacun de se cloner soi-même? Notons qu'une référence couplée à l' «intégrité» de la personne, proposée pour la Déclaration universelle des droits de l'homme, a été omise de toutes les formules subséquentes[3]. Notons aussi que dans le pacte, le principe de liberté en lui-même ne souffre pas de limitations[4].

1. Voir par exemple American Society for Reproductive Medicine, 2000, p. 874.

2. Amendement à l'Assemblée générale de la Belgique, du Brésil, du Maroc, du Mexique et du Salvador rejeté par 20 voix pour, 31 contre, 17 abstentions, A/C.3/SR.820.

3. E/CN4/AC.2/SR.3, 6 décembre 1947.

4. En revanche, il peut être suspendu temporairement selon la clause de dérogation (article 4) en période d'exception lorsque les circonstances « menacent l'existence de la nation ».

Cependant, le principe de liberté est si intimement lié aux problèmes de détention dans ces traités qu'il pourrait sembler abusif de l'extraire de ce contexte.

Le droit à la sphère privée, prévu lui aussi dans tous les instruments sur les droits de la personne, a été souvent invoqué devant la Cour européenne pour justifier la liberté en matière de reproduction humaine, notamment au sujet de l'avortement et du statut des transsexuels. La Cour – et la Commission quand elle existait – a reconnu cette liberté mais en soulignant la marge étendue d'appréciation des Etats quant aux limitations prévues par les traités eux-mêmes dans l'intérêt de l'ordre public, de la moralité publique[1], etc.

Le droit de «se marier et de fonder une famille» (article 23 du Pacte international relatif aux droits civils et politiques, article 12 de la Convention européenne des Droits de l'Homme – CEDH) et le droit distinct à la protection de la «vie familiale» (article 17 du Pacte international relatif aux droits civils et politiques, article 8 de la CEDH), partout reconnus eux aussi, ont fait l'objet d'une jurisprudence abondante de la Cour européenne des Droits de l'Homme. L'article 12 de la CEDH a longtemps été interprété comme lié à un mode de reproduction coïtal et sexué, mais la jurisprudence de la Cour paraît susceptible d'évoluer dans une certaine mesure, à condition qu'il s'agisse toujours d'un couple stable. Le droit au respect de la vie familiale a fait l'objet d'arrêts très nuancés. Toutefois, bien que la Cour soit statutairement indépendante, serait-il réaliste de penser qu'elle ignorerait les interdictions prescrites par la Convention de bioéthique et son protocole, nés eux aussi dans le cadre du Conseil de l'Europe?

Le droit au meilleur état de santé possible est un des arguments majeurs pour justifier le clonage à des fins de recherche médicale et thérapeutique. L'article 12 du Pacte international relatif aux droits économiques, sociaux et culturels peut apparaître comme rédigé en termes assez larges pour inclure ces types de clonage. Le préambule et le rapport explicatif du protocole semblent confirmer leur caractère licite en droit international.

1. Voir par exemple la décision de la Commission dans l'affaire *Brüggemann et Scheuten c. Allemagne fédérale*, in *European Human Rights Reports*, n° 3, 1977, p. 244.

L'article 16 du Pacte international relatif aux droits économiques, sociaux et culturels reconnaît à chacun le droit «de bénéficier du progrès scientifique». En outre, dans une formule délibérément forte évoquant une application immédiate, il stipule que «les Etats Parties s'engagent à respecter la liberté indispensable à la recherche scientifique[1]».

Cette liberté de recherche ne peut être soumise qu'«aux limitations établies par la loi, dans la seule mesure compatible avec la nature de ces droits et exclusivement en vue de favoriser le bien-être général dans une société démocratique» (article 4). Une prohibition drastique des recherches sur le clonage, y compris à but thérapeutique, sanctionnée pénalement de surcroît, prohibition qui paraît être en vigueur dans divers pays (voir la partie «Prohibition globale» en début de chapitre), serait difficile à concilier avec cet article 4.

Il reste que cette clause libérale sur la recherche serait soumise, pour les Etats parties aux trois instruments, aux limitations plus fortes et aux interdictions prévues par la Convention de 1996 sur les droits de l'homme et la biomédecine (articles 15 à 18) et par le protocole de 1998.

Enfin, on pourrait – et à mon sens on doit – étudier de très près l'applicabilité en la matière des principes d'égalité des chances, de non-discrimination et d'égalité devant la loi. Ces règles sont inscrites, sous des formes variables, dans tous les instruments relatifs aux droits de la personne. L'article 26 du Pacte international relatif aux droits civils et politiques sur l'égalité devant la loi est spécialement utile, car il peut concerner même les droits de la personne non inscrits dans ce traité, par exemple le droit à la santé et la liberté de recherche reconnus par le Pacte international relatif aux droits économiques, sociaux et culturels.

Par exemple, on devrait examiner l'applicabilité de tels principes en ce qui concerne le refus de faire bénéficier les malades des bienfaits du clonage à but thérapeutique, même si cela représente le seul traitement possible et leur seule chance de guérison, alors que des personnes souffrant des mêmes maux mais tolérant d'autres traitements, eux, survivent[2].

1. Voir Doc. des Nations Unies A/2929 TP, commentaire des projets de pactes, 1955, p. 115, paragraphe 55.

2. La jurisprudence du Comité des droits de l'homme, organe chargé d'appliquer le Pacte international sur les droits civils et politiques, tend, il est vrai, à exclure l'article 26 lorsqu'il n'y a pas identité de situation. Cependant, ce raisonnement doit trouver ses limites, s'agissant de la santé et de la vie humaines.

Droit international coutumier ?

Qu'il s'agisse des lois internes ou des traités, une tendance se manifeste depuis 1997 visant à interdire le clonage reproductif. Elle n'est cependant pas universelle parmi les pays qui ont légiféré sur la question. Par ailleurs, on constate une grande diversité d'approches législatives autour de concepts souvent imprécis quant au clonage à but thérapeutique. Enfin, restons conscients du très grand nombre de pays, en particulier en Afrique, en Asie, en Europe centrale et orientale surtout, où persiste un vide juridique.

Les textes proclamatoires des organisations intergouvernementales directement ou implicitement pertinents sont eux-mêmes très imprécis et très divers.

Citons, d'une part, dans le sens général de la prohibition, en particulier, les résolutions de l'Assemblée générale de l'OMS depuis 1997 et la Déclaration de l'Unesco sur le génome humain. D'autre part, les déclarations et programmes d'action des grandes conférences mondiales des Nations Unies sur la population (Bucarest et Mexico), sur l'égalité entre hommes et femmes (Nairobi et Beijing), et en d'autres domaines mettent l'accent de manière croissante sur le libre choix en matière de procréation. Le mot «clonage» n'y est pas prononcé, mais certains passages pourraient être interprétés comme n'étant pas hostiles a priori au clonage, en tous les cas dans ses modalités thérapeutiques.

C'est dire que les conditions ne sont pas réunies pour le développement d'un droit international coutumier sur le clonage ou les manipulations génétiques en général.

Sous l'influence de tapages publicitaires et de réactions collectives émotionnelles, le mouvement normatif en matière de clonage s'est développé très rapidement, sans doute trop vite en divers pays. Fait exceptionnel, le droit peut apparaître en ce domaine, parfois, comme allant plus vite que l'expérimentation scientifique.

Ce phénomène peut apparaître regrettable à divers égards. Le droit, une fois décrété, tend à enraciner les attitudes, à les rendre plus rigides. Les réformes, les aménagements, deviennent difficiles à mettre en œuvre.

Avant de poursuivre ce mouvement normatif, les juristes et les hommes et femmes politiques devraient mieux écouter la voix des scientifiques. Ceux-ci, dans une mesure appréciable, appellent à davantage de réflexion sur les aspects physiques, psychologiques, sociaux et éthiques du clonage.

Nul ne met en doute l'imperfection actuelle des techniques de clonage, ni les risques actuels pour la santé des clones, ni enfin les dangers d'abus de cette technique et d'«instrumentalisation» à des fins criminelles, politiques ou commerciales. Cependant, ne convient-il pas de dissocier le clonage lui-même de son exploitation contraire aux droits de la personne? Des risques comparables d'abus existent pour d'autres avancées de la biologie à propos desquelles on s'efforce de construire des garde-fous sans jeter d'anathème.

La sagesse semble nous conseiller d'instituer une période de moratoire et d'activer des organes d'étude et de réflexion, groupant scientifiques, médecins praticiens, juristes, éthiciens et parlementaires, chargés d'appréhender le clonage dans toutes ses dimensions et de formuler un plan d'action. Ainsi seraient construites les bases d'une politique rationnelle du clonage, dans le respect des droits de la personne.

Bibliographie

American Society for Reproductive Medicine, «Human Somatic Cell Nuclear Transfer», in *Fertility and Sterility,* vol. 74, n° 5, novembre 2000.

Conseil de l'Europe, *Assistance médicale à la procréation et protection de l'embryon humain, étude comparative dans 39 pays; clonage, étude comparative dans 44 pays,* Doc. CDBI/INF (98) 8, 2 juin 1998.

Conseil de l'Europe, *Protocole additionnel à la Convention sur les droits de l'homme et la biomédecine, texte et rapport explicatif portant interdiction du clonage d'êtres humains,* «Série des traités européens», n° 168, 1998.

Harris, J., «Clones, Genes et Reproductive Autonomy, the Ethics of Human Cloning», in *Annals of the New York Academy of Sciences,* septembre 2000.

Kahn, Axel, «Aspects éthiques du clonage humain à finalité thérapeutique et de l'utilisation des cellules souches embryonnaires, in *Bulletin de l'Académie nationale de médecine,* n° 6, 2000, p. 184.

Mattei, Jean-François, «La question éthique de l'embryon», in *Bulletin de l'Académie nationale de médecine,* n° 6, 2000, p. 1139.

Organisation des Nations Unies, *Commentaire des projets de pactes relatifs aux droits de l'homme par le Secrétaire Général,* Doc. A/2929, 1955.

Organisation des Nations Unies, *Normes des Nations Unies concernant les rapports entre les droits de l'homme et la population,* Doc. E/Conf. 60/SYM. IV/3, 1974, et document de mise à jour, préparés par Maxime Tardu, expert-consultant, 1988.

Organisation des Nations Unies, Commission des droits de l'homme, *Recueil d'instruments internationaux,* deux volumes, 1993.

Organisation mondiale de la santé, Health Legislation Unit, *Informal Listing of Laws, Regulations, Guidelines on Cloning,* 12 mai 1998.

Organisation mondiale de la santé, *Recueil international de législation sanitaire,* 1998-2000.

Organisation mondiale de la santé, Résolution OMS 50.37 du 14 mai 1997 sur le clonage dans la reproduction humaine, in *Manuel des résolutions,* vol. III (3e édition).

Petitti, L.-E., Decaux, E. et Imbert, J., *La Convention européenne des Droits de l'Homme,* sous articles 8 et 12, Economica, Paris, 1995.

Robertson, J. A., «Reproductive Liberty and the Right to Clone Human Beings», in *Annals of the New York Academy of Sciences,* septembre 2000.

Unesco, *Déclaration universelle sur le génome humain et les droits de l'homme,* 11 novembre 1997.

La position du Conseil de l'Europe

Le clonage reproductif

Le 12 janvier 1998, le Conseil de l'Europe ouvrait à la signature des Etats membres un Protocole additionnel à la Convention sur les droits de l'homme et la biomédecine portant interdiction du clonage d'êtres humains[1]. Ce protocole stipule dans son article premier qu' «est interdite toute intervention ayant pour but de créer un être humain génétiquement identique à un autre être humain vivant ou mort». Le deuxième alinéa de ce même article énonce, quant à lui, que l'expression être humain «génétiquement identique» à un autre être humain signifie un être humain ayant en commun avec un autre l'ensemble des gènes nucléaires. La création d'un être humain génétiquement identique est interdite quelle que soit la technique utilisée (par division embryonnaire ou par transfert nucléaire). En effet, ce n'est pas la technique qui est visée mais la finalité.

En d'autres termes, depuis 1998, le Conseil de l'Europe prohibe toute tentative de clonage reproductif consistant à faire naître un être humain cloné. Ce protocole est entré en vigueur le 1er mars 2001, et a été signé par vingt-neuf pays parmi les quarante-quatre Etats membres du Conseil de l'Europe. Aujourd'hui, le protocole est en vigueur dans les onze pays qui l'ont ratifié[2], mais d'autres pays ont fait connaître leur volonté de le ratifier le plus rapidement possible.

Les annonces faites par certains scientifiques souhaitant cloner des êtres humains à des fins de reproduction ont en effet permis aux Etats de prendre conscience qu'il était impératif de prohiber cette pratique qui irait sans nul doute à l'encontre de certains principes fondamentaux tels que la dignité humaine.

Le clonage dit «thérapeutique»

Si tous les pays s'accordent à condamner le clonage reproductif, il n'en est pas de même pour le clonage dit thérapeutique qui consiste à créer des embryons par clonage comme source de cellules susceptibles d'être utilisées à des fins de traitement.

1. Voir annexe III.

2. Chypre, République tchèque, Estonie, Géorgie, Grèce, Hongrie, Portugal, Roumanie, Slovaquie, Slovénie, Espagne (au 8 avril 2002).

Sur la question de savoir si le protocole permet d'interdire le clonage thérapeutique, il convient de rappeler que la formulation de l'article premier précédemment cité utilise l'expression «être humain». Le clonage thérapeutique se trouve par conséquent interdit dans tous les pays qui considèrent l'embryon comme un être humain. Il faut toutefois noter que cela n'est pas le cas dans tous les Etats membres du Conseil de l'Europe, comme aux Pays-Bas qui, dans une déclaration datée du 29 avril 1998 et remise au Secrétaire Général lors de la signature du protocole, stipulait que «le Royaume des Pays-Bas déclare qu'il interprète le terme "être humain" comme se référant exclusivement à un individu humain, c'est-à-dire un être humain qui est né». Par conséquent, le protocole portant interdiction du clonage d'êtres humains n'interdit pas nécessairement la pratique du clonage thérapeutique.

Toutefois, aujourd'hui et pour quelques années encore, le clonage humain nécessite de nombreuses recherches en vue de sa mise au point, et constitue à cet égard une recherche en tant que telle. «Créer des embryons par clonage à des fins thérapeutiques» est par conséquent assimilable aujourd'hui au fait de «créer des embryons à des fins de recherche», ce que prohibe la Convention sur les droits de l'homme et la biomédecine. L'article 18, paragraphe 2, de la Convention d'Oviedo du 4 avril 1997, en vigueur depuis le 1er décembre 1999, stipule en effet que «la constitution d'embryons humains aux fins de recherche est interdite». Il faut préciser, cependant, que tout pays qui signe la convention peut formuler une réserve à l'égard de l'article 18, s'il y a une loi (comme celle du Royaume-Uni) permettant la création d'embryons humains aux fins de recherche.

On ne peut ignorer, toutefois, que certaines firmes privées aux Etats-Unis, mais aussi certains pays européens qui n'ont signé ni la convention, ni son protocole portant interdiction du clonage, effectuent une recherche active en vue de rendre le clonage humain effectif. Dans cette perspective, même lointaine, qui ferait sortir le clonage à des fins thérapeutiques du cadre de la recherche, il appartient dès aujourd'hui au Conseil de l'Europe de se projeter dans ce futur en se positionnant clairement sur la création, puis l'utilisation d'embryons aux fins de traitement, notamment dans le cadre de la préparation du projet de protocole sur la protection de l'embryon et du fœtus humains. A cet égard, il conviendra d'avoir à l'esprit la possibilité d'obtenir des lignées cellulaires par d'autres moyens. Il y a en effet de bonnes raisons pour préférer le recours à des cellules souches adultes, et la recherche, en particulier publique, devrait privilégier cette voie.

Vers une interdiction mondiale du clonage des êtres humains?

par André Albert

Le débat suscité par les perspectives d'utilisation des techniques de clonage dans le domaine de la reproduction humaine présente, par rapport à un grand nombre d'interrogations éthiques plus «classiques», une triple particularité.

Tout d'abord, contrairement aux débats suscités par la mise en œuvre de certaines techniques de reproduction médicalement assistée, ce débat a anticipé toute certitude quant à la possibilité effective d'une application à l'être humain de la technique du transfert nucléaire qui est à l'origine de la brebis Dolly.

Ensuite, il a donné lieu à une condamnation immédiate d'un tel projet. Si l'on ne peut dire qu'elle fut universelle, cette condamnation a largement dépassé les clivages liés à la diversité d'approches sociétales, culturelles ou religieuses, caractérisant d'autres problématiques de la bioéthique.

Enfin, le débat a rapidement mis en évidence la fragilité d'une interdiction seulement régionale ainsi que la nature planétaire des enjeux.

Il est inutile de rappeler ici les initiatives prises dès 1997 par plusieurs organisations internationales pour en appeler à l'interdiction de toute tentative de faire naître un enfant par clonage[1]. Depuis lors, des instruments internationaux sont venus donner une forme normative et solennelle à cette interdiction. Il en a été ainsi de la Déclaration universelle sur le génome et les droits de l'homme de l'Unesco, du Protocole additionnel à la Convention du Conseil de l'Europe sur les droits de l'homme et la biomédecine portant interdiction du clonage d'êtres humains[2] et de la Charte des droits fondamentaux de l'Union européenne.

Pour essentiels qu'aient été ces textes, il s'avère qu'aucun d'entre eux ne répond simultanément à l'exigence d'universalité de la portée de l'interdiction édictée et à celle d'un effet contraignant de l'instrument adopté.

1. Ce que désigne le plus fréquemment l'expression «clonage reproductif». Celle-ci est néanmoins empreinte d'une ambiguïté certaine, dès lors que tout clonage s'avère «reproductif», qu'il soit reproductif d'organes et d'organismes, ou qu'il le soit de cellules, selon la distinction faite par Henri Atlan dans sa contribution à l'ouvrage *Le clonage humain*, Le Seuil, Paris, 1999.

2. Contrairement à la Déclaration universelle sur le génome et les droits de l'Homme et à la Charte des droits fondamentaux de l'Union européenne, le Protocole additionnel à la Convention d'Oviedo ne limite pas l'interdiction qu'il énonce au seul clonage dit «reproductif». Il n'en résulte pas pour autant que les termes du protocole impliquent nécessairement une interdiction du clonage dit «thérapeutique», du moins si par cette dernière expression, également ambiguë il est vrai, l'on entend la création de lignées de cellules souches embryonnaires à partir du transfert nucléaire du noyau d'une cellule adulte dans un ovocyte énucléé.

Or, à plusieurs reprises – et le début 2002 a encore connu une vague de semblables annonces – certains biologistes, mêlant parfois leur voix à celle d'organisations sectaires, ont fait part aux médias de leur détermination à parvenir les premiers à faire naître un enfant par clonage. En faisant référence à l'établissement de laboratoires en des lieux volontairement tenus secrets et auxquels ne serait applicable aucune législation, de telles déclarations pointent l'absence actuelle à l'échelle planétaire d'instruments de dissuasion et de répression.

Initiative franco-allemande

C'est dans ce contexte qu'une initiative commune a été prise par la France et l'Allemagne à l'automne 2001, afin d'inciter l'ONU à mettre en chantier une convention ayant pour objet d'édicter une interdiction du clonage à des fins de reproduction humaine, assortie de sanctions suffisamment dissuasives ainsi que de mesures de coopération policière et judiciaire.

A cet effet, un comité spécial de la 6e commission de l'ONU[1], auquel 120 environ des membres de celle-ci étaient représentés, a tenu une première réunion exploratoire du 25 février au 1er mars 2002. Il se réunira à nouveau du 23 au 27 septembre 2002, dans la perspective de finaliser un mandat de négociation et de le soumettre à l'Assemblée générale de l'ONU avant la fin de 2002.

Si l'on met à part quelques délégations qui, soit ont réservé leur position, soit ont marqué leur préférence pour un moratoire, le tour de table réalisé à l'occasion de cette première réunion a vu apparaître un net clivage entre, d'une part, diverses variantes de l'option découlant de l'initiative franco-allemande, qui consiste à proposer une limitation du mandat au seul clonage dit «reproductif», et, d'autre part, une option revendiquant une interdiction globale de toute utilisation du transfert nucléaire et défendue notamment par les Etats-Unis, le Vatican ainsi que, moyennant certaines nuances, par deux Etats européens.

Les motifs inspirant ces deux types de position présentent une dissymétrie certaine. L'option en faveur d'une interdiction globale prend appui sur des arguments de fond, tirés des

1. Il convient de rappeler que la 6e commission, commission juridique de l'ONU, présente la particularité de se prononcer par consensus et non par vote.

exigences de protection de l'embryon humain, et sur le risque d'inefficacité d'une prohibition réduite au seul clonage «reproductif», dès lors que l'utilisation des techniques de transfert nucléaire resterait possible pour certaines finalités de celui-ci. En revanche, la proposition franco-allemande, sans préjuger d'une position de fond sur le clonage dit «thérapeutique», répond essentiellement à une préoccupation stratégique: seule une démarche circonscrivant dans un premier temps l'interdiction au clonage «reproductif» peut assurer à bref délai un consensus suffisamment large, et permettre ainsi de répondre par une prohibition inconditionnelle, distincte de toute espèce de moratoire, à l'urgence et aux enjeux d'une situation caractérisée par une course de vitesse entre le droit et le fait.

Les positions en présence

De fait, le tour de table de février 2002 permet de mesurer certaines des dissensions, ainsi que l'effet d'éclatement de la problématique initiale, auxquels pourrait donner lieu un instrument dont l'objet serait d'englober dans la même interdiction les clonages «reproductif» et «thérapeutique».

En effet, la gamme des positions en présence sur la question du clonage «thérapeutique» apparaît beaucoup plus étendue que sur celle du clonage «reproductif», puisqu'elle va de la revendication d'une acceptabilité de la technique du transfert nucléaire jusqu'à sa condamnation plus ou moins provisoire et radicale, en passant par différentes options intermédiaires d'encadrement.

De plus, les positionnements nationaux relatifs au clonage «thérapeutique» s'avèrent plus complexes; ils mettent en jeu des questions qui, soit sont plus générales, telle celle de la protection des embryons *in vitro* quelle que soit leur origine, soit encore échappent pour partie au champ de la bioéthique, telles celle des limitations tolérables de la liberté de la recherche, celle des applications au clonage du principe de précaution, voire celle des rapports Nord-Sud[1], etc.

Il s'avère ainsi qu'à vouloir traiter de toutes les finalités du clonage dans un même instrument, l'on s'expose, faute de pouvoir

1. L'intervention dans le débat d'une problématique fondée sur les rapports Nord-Sud a trait notamment à la nécessité d'une protection des donneuses potentielles d'ovocytes issues des pays en voie de développement et au risque de voir les pays industrialisés tirer un monopole exclusif du bénéfice des nouvelles thérapies cellulaires rendues possibles par le recours au transfert nucléaire, si du moins celles-ci venaient à être mises au point.

trouver un consensus suffisant et une ligne de force organisatrice, au risque de faire dévier l'objectif initial vers l'idée de simple moratoire. Cette dérive est à l'évidence contraire aux intentions qui ont présidé à l'initiative franco-allemande, puisqu'un moratoire applicable au clonage «reproductif» ne manquerait pas d'être interprété comme impliquant l'acceptabilité à long terme de celui-ci.

Sans doute, la convention dont le projet est à l'étude pourrait-elle comporter des mesures de prévention à l'endroit du clonage «thérapeutique» et proposer, en conséquence, le principe d'un encadrement des pratiques qui, telles les recherches sur les cellules souches embryonnaires, peuvent présenter des risques de dérive.

Néanmoins, si l'on veut éviter une dispersion des questions et une confusion du niveau des enjeux, il paraît essentiel non seulement de centrer la réflexion autour d'une prohibition dont le sens ne soit pas multiple, mais encore de référer cette prohibition à un fondement dont la valeur universelle soit avérée.

Un enjeu de civilisation

S'agissant du clonage «reproductif», les interventions des experts qui se sont exprimés au cours de la réunion de février 2002 ont parfois pu donner l'impression que la multiplicité même des arguments en faveur de son interdiction[1] affaiblissait la portée attachée à chacun d'eux pour justifier le caractère inconditionnel et définitif de cette prohibition.

Quitte à paraître en revenir à une évidence, l'on peut se demander si la possibilité d'élaborer à bref délai une interdiction universelle du clonage «reproductif» ne suppose pas une clarification préalable du fondement d'un tel interdit.

L'invocation dans le débat d'arguments trop divers renvoie en effet à une série de risques potentiels qui, si préoccupants soient-ils par leurs effets cumulés – notamment en termes de santé publique ou de développement harmonieux de l'enfant – peuvent paraître, lorsqu'on les envisage isolément, ne pas exclure l'idée que, si ces risques étaient mieux maîtrisés à l'ave-

1. Les arguments développés par les experts indépendants ont porté essentiellement sur les risques médicaux que présente aujourd'hui l'éventualité d'une mise en œuvre à des fins de reproduction humaine des techniques de transfert nucléaire, sur les risques d'atteinte aux droits des donneuses d'ovocytes, ainsi que sur les risques de déséquilibre psychologique grave de l'enfant eu égard à l'identité génétique qu'il a en commun avec l'adulte dont il est le clone, véritable miroir à certains égards de son avenir somatique et médical. Aucun de ces arguments n'est toutefois apparu, par lui seul, comme de nature à fonder un interdit de caractère définitif et inconditionnel.

nir, des exceptions à l'interdiction de tout clonage «reproductif» seraient malgré tout tolérables.

Une telle approche ne permet cependant pas de comprendre la nécessité d'une interdiction inconditionnelle et universelle.

Lors de la procréation, la rencontre des gamètes d'un homme et d'une femme conduit, du fait de la recombinaison de deux patrimoines génétiques, à la création d'un être dont les caractéristiques sont imprévisibles.

Or, le clonage à des fins de «reproduction» remet précisément en cause cette recombinaison aléatoire, rendue possible par la reproduction sexuée. Quand bien même la reproduction sexuée «aléatoire» n'est pas un trait spécifiquement humain, sa remise en cause *chez l'être humain* ouvre la perspective d'un bouleversement du statut symbolique de celui-ci, dont on ne peut penser par avance, ni même imaginer, toutes les conséquences.

En effet, l'enfant né d'un clonage pourrait faire l'objet soit d'une prédétermination génétique par ceux qui ont pris l'initiative de le faire naître et qui ne sont, à proprement parler, ni ses ascendants ni ses géniteurs, soit d'une anticipation de son avenir par son entourage et par la société. Il cesserait donc de trouver, dans ceux de ses traits individuels imprévisibles qui dépendent de son génome, une part de lui-même qu'il lui appartient de découvrir, et à laquelle il demeure *libre* de donner sens par ses projets, indépendamment de tout assujettissement au regard et au savoir d'autrui ou de la société.

Une personne vouée à se représenter et à s'assumer comme étant ou ayant été le clone d'une autre personne pourrait sans doute ne perdre dans cette épreuve individuelle ni sa singularité, ni son autonomie. Elle n'en perdrait pas moins un trait essentiel à la *reconnaissance* par autrui de cette singularité et de cette autonomie. Force est de conclure que, par la particularité de son statut[1], une telle personne serait, plus que ne l'est toute personne dont la naissance laisse place à un principe biologique d'incertitude et d'imprévisibilité, exposée à des discriminations, à une instrumentalisation, voire à un asservissement dans ses rapports avec autrui, avec le groupe et avec la société.

1. A ceux qui invoquent à l'encontre de cette analyse le cas des jumeaux monozygotes, l'on doit rappeler que le statut génétique de ceux-ci ne résulte pas d'une intention délibérée. Il convient du reste de souligner que c'est l'évacuation du caractère aléatoire attaché à la procréation humaine, et non l'identité génétique par elle-même, qui constitue une raison déterminante d'interdire le clonage «reproductif».

Aucune circonstance particulière, aucune mesure d'accompagnement, aucune garantie individuelle ou institutionnelle, qu'elle soit parentale ou familiale, médicale, sociologique, juridique ou politique, ne paraît de nature à créer un contexte dans lequel on puisse admettre qu'il soit licite d'imposer à une personne de devoir assumer un tel statut, qui la mettrait en situation de parcourir avec un handicap structurel les chemins d'accès à son autonomie.

Sans doute, ce fondement de l'exigence de prohibition a-t-il déjà vu à maintes reprises son importance reconnue et certains textes juridiques traitant du clonage humain l'ont, fort judicieusement, tenu pour essentiel[1]. Cependant, ni la dissymétrie[2] que présente cet argument avec ceux invoqués dans le cadre du débat sur le clonage «thérapeutique», ni le fait qu'il soit exclusif de toute possibilité de dérogation au principe d'interdiction, ni enfin et surtout l'éclairage qu'il donne à l'enjeu de civilisation que revêt l'interdiction du clonage «reproductif» ne semblent avoir jusqu'à présent été suffisamment mis en lumière dans le débat public sur ces questions.

1. C'est le cas, en particulier, du Protocole additionnel à la Convention d'Oviedo, ainsi qu'en témoigne le paragraphe 3 de son rapport explicatif.

2. L'intérêt qui s'attache à la protection de l'embryon *in vitro* et, en particulier, au principe général d'interdiction de la constitution d'embryons à des fins de recherche peut difficilement être considéré comme relevant d'enjeux sociétaux de même nature que les éléments qui militent en faveur de l'interdiction du clonage «reproductif».

Conclusion

par le Dr Anne McLaren

Cloner ou ne pas cloner, telle est la question

Le pourrions-nous ?

Pour certaines espèces animales, nous savons que c'est possible. Les brebis, les chèvres, les vaches, les cochons, les chats et les souris ont tous été clonés par transfert nucléaire, mais le rendement reste très faible. Pour d'autres espèces, il est possible que le clonage par transfert nucléaire de cellule somatique ne soit jamais réalisé. Chez le chien et le singe, on a fait des tentatives sérieuses mais aucun nouveau-né n'a jamais été signalé.

Pour les êtres humains, nous ne savons pas. Peu de tentatives ont été faites; les ovocytes humains sont difficiles à obtenir et dans de nombreux pays ces recherches sont interdites par la loi. Selon l'unique article publié dans une revue scientifique, les œufs reconstitués ne se sont pas divisés du tout, ou ils se sont divisés deux fois, puis le processus s'est interrompu. Ce stade de développement ne permet pas de savoir si le noyau de cellule somatique transféré a été réactivé ou reprogrammé d'une façon ou d'une autre par le cytoplasme de l'ovocyte.

Le devons-nous ?

En ce qui concerne les animaux, les considérations éthiques sont celles qui caractérisent toute expérimentation animale; se pose notamment la question de savoir si les avantages pour l'être humain l'emportent sur la souffrance éventuelle imposée à l'animal. Une réglementation sévère et l'examen d'un comité d'éthique sont souhaitables, mais il n'y a aucune raison de penser que le transfert de cellule nucléaire somatique puisse occasionner plus de souffrance que les autres formes de recherche sur l'animal. La mort des embryons clonés se produit essentiellement avant l'implantation ou au cours de la gestation. Si des anomalies risquant de provoquer une souffrance apparaissent après la naissance, il convient de tuer les animaux humainement.

Les avantages que l'on peut tirer de la recherche sur le clonage des animaux sont considérables. Chez la souris, et probablement chez d'autres animaux de laboratoire, ces recherches pourraient augmenter notre compréhension du vieillissement et du cancer, ainsi que notre contrôle de l'expression des gènes et de l'origine des anomalies congénitales. Si nous arrivions à comprendre comment un noyau somatique hautement spécialisé peut être reprogrammé par le cytoplasme de l'ovocyte, nous pourrions reprogrammer les cellules somatiques personnelles d'un patient en cellules souches pluripotentes sans avoir besoin d'utiliser les ovocytes humains ou de produire des embryons.

Pour ce qui est des animaux d'élevage, les avantages sont vraisemblablement d'ordre économique et portent plus sur le bien-être de l'être humain que sur la compréhension biologique fondamentale. Le clonage d'animaux de valeur, par exemple un taureau avec un pedigree prestigieux, pourrait présenter un intérêt économique, même à notre époque. Toute amélioration du rendement du procédé de clonage augmenterait considérablement son intérêt économique étant donné que la valeur d'un animal cloné ne peut se reproduire que par clonage.

Le transfert nucléaire offre à la manipulation génétique des possibilités supplémentaires qui présentent un avantage plus généralisé et immédiat. Les animaux transgéniques avec des gènes supplémentaires produisant dans leur lait des produits pharmaceutiques et d'autres protéines utiles peuvent être obtenus de façon plus efficace en utilisant moins d'animaux par l'emploi du transfert nucléaire à la place de l'injection pronucléaire. Une fois transféré, le nouveau gène peut se transmettre par reproduction sexuelle normale, en évitant un clonage supplémentaire. De plus, les gènes peuvent être non seulement ajoutés aux cellules cultivées, mais encore être modifiés ou retirés. Ces modifications génétiques peuvent alors être établies chez l'animal en utilisant le clonage par transfert nucléaire. Ainsi le gène de l'albumine sérique bovine pourrait être remplacé par le gène de l'albumine sérique humaine (protéine largement utilisée après un acte chirurgical et dans le traitement des brûlures), les gènes codant pour les protéines provoquant des réactions allergiques au lait de vache pourraient être retirés et des gènes produisant le facteur IX humain et l'alpha-1-antitrypsine, pour ne citer que quelques exemples, pourraient être ajoutés. Autrement dit, si nous voulons une source moins onéreuse (et qui n'en voudrait pas!) de facteur IX humain pour traiter les patients dans le monde entier souffrant d'hémophilie et d'autres maladies sanguines, c'est le clonage, du moins pour le moment, qui offre la meilleure stratégie. C'est bon pour les patients, c'est bon pour les animaux (il en faut moins), et c'est bon pour ceux qui pratiquent le «pharming». Nous pourrons un jour tirer notre facteur IX humain des plantes, mais cela n'est pas possible pour le moment.

La plupart des gens estimeraient sans doute que nous devrions cloner des animaux pour atteindre certains objectifs précis.

La situation est très différente quand il s'agit de l'être humain. Même si nous pouvions réaliser le clonage par transfert nucléaire, le devrions-nous? Les arguments pour et contre le clonage par transfert nucléaire de cellule somatique pour obtenir des cellules souches ont été largement développés dans les chapitres précédents. Ce type de clonage pourrait contribuer au traitement par cellules souches des maladies dégénératives, car l'utilisation des propres noyaux cellulaires somatiques du patient pour faire les cellules souches éviterait quasi certainement le rejet de la greffe. Cependant, les problèmes éthiques liés à l'obtention des ovocytes humains et le coût en main-d'œuvre de ce type de traitement adapté au patient rendraient assurément cette perspective chimérique. D'autres méthodes permettant d'éviter ou de minimiser les rejets de greffe font l'objet de recherches approfondies. Le principal intérêt de l'obtention de lignées de cellules souches à partir du transfert nucléaire de cellule somatique peut être d'améliorer notre compréhension et donc nos possibilités de traitement des maladies génétiques. Quelques lignées de cellules souches pluripotentes de patients offriraient une quantité indéterminée de matériel utile à l'analyse biochimique et à la mise au point de nouveaux médicaments et d'autres méthodes thérapeutiques.

Pour ce qui est du clonage reproductif humain, le clonage de bébés, tout le monde ou presque s'accorde pour estimer qu'il serait d'une irresponsabilité criminelle de le tenter actuellement. L'expérience chez l'animal a montré une mortalité et une morbidité au cours de la gestation et à la naissance, et un nombre d'anomalies apparues ultérieurement chez les animaux clonés totalement inacceptables chez l'être humain. Il serait abusif d'affirmer que l'on peut rechercher les erreurs de reprogrammation.

Le devrions-nous un jour ?

Nos auteurs proviennent de différents pays et exercent des professions diverses (philosophes, scientifiques, juristes). Le lecteur verra qu'ils ont des points de vue différents sur ce qui est éthiquement acceptable ou pas. Nous n'avons pas cherché à harmoniser leurs points de vue, convaincus que l'Europe est une communauté multiculturelle. En effet, sa force vient en partie de sa diversité et de la capacité de ses citoyens à accepter cette diversité.

Le clonage par transfert nucléaire de cellule somatique est interdit par la loi dans certains pays européens (Allemagne, Autriche, Norvège, Islande). D'autres interdisent le clonage reproductif mais laissent la porte ouverte au clonage pour obtenir des cellules souches (Royaume-Uni, Pays-Bas, France peut-être). D'autres encore (Italie, Grèce) n'ont pas encore de loi sur le clonage.

Le Conseil de l'Europe tient compte de cette diversité. Dans sa Convention sur les droits de l'homme et la biomédecine, l'article 18.*b* interdit la création d'embryons humains pour la recherche. Aux termes de cet article, l'utilisation du clonage par transfert nucléaire serait une infraction pour tout Etat membre qui signe et ratifie la convention. Cependant, le rapport explicatif de la convention autorise tout pays à faire une réserve au sujet de l'article 18.*b* au moment de ratifier la convention, à condition d'avoir déjà une loi en vigueur qui ne se conforme pas à cette disposition. Au Royaume-Uni, par exemple, il est possible de créer des embryons pour la recherche si les objectifs sont acceptables et si le projet ne peut se réaliser autrement. Le Royaume-Uni peut donc émettre une réserve sur l'article 18.*b*.

Le protocole additionnel à la convention interdit aussi toute intervention cherchant à créer un être humain génétiquement identique à un autre, et donc le clonage d'êtres humains. Cependant, le rapport explicatif affirme qu'il a été décidé de laisser aux législations internes le droit de définir la portée de l'expression «être humain». Aussi, pour certains Etats membres, la ratification du protocole additionnel impliquerait que toute utilisation du clonage par transfert nucléaire, quel que soit le but recherché, serait interdite, alors que pour d'autres, le clonage reproductif serait interdit mais non le clonage pour obtenir des cellules souches.

Nous espérons que cet ouvrage incitera nos lecteurs à approfondir ces questions éthiques graves, qui soulèvent de nouvelles problématiques. Le clonage pour obtenir des cellules souches doit encore faire l'objet de discussions, qu'il s'agisse de contribuer au traitement par cellules souches ou d'augmenter notre compréhension des maladies génétiques. Des discussions s'imposent aussi pour le clonage reproductif: si jamais il devenait sûr et fiable, serait-il condamnable dans toutes les circonstances? Le «si» est primordial et les conditions nécessaires ne seront probablement jamais réunies, mais la meilleure façon de clarifier notre pensée en matière éthique reste de favoriser le débat avant que les choses n'arrivent et non de porter des jugements hâtifs après coup.

Annexes

Annexe I – Quelques concepts clés

Quel type de clonage ?

L'utilisation du mot «clone» provoque chez le public une grande confusion. Selon l'âge du dictionnaire consulté, les définitions du clonage biologique varient:

- la création d'un groupe d'individus génétiquement identiques descendant du même parent par reproduction asexuée. De nombreuses plantes pratiquent ce genre de clonage en produisant des gourmets, des rhizomes ou des bulbes pour coloniser la zone entourant le parent;
- la création d'un groupe de cellules génétiquement identiques produites par mitoses* d'une cellule originelle. C'est ce qui se produit lorsqu'une cellule crée une nouvelle série de chromosomes et se divise en deux cellules filles. C'est ainsi que se forment les cellules qui remplacent les cellules usées de notre corps;
- la production d'un groupe de molécules d'ADN à partir d'une séquence d'ADN originelle, par une bactérie ou un virus au moyen de techniques de biologie moléculaire. C'est ce qu'on appelle souvent le clonage moléculaire ou le clonage de l'ET;
- la production d'animaux génétiquement identiques par la «division d'embryons». Cela peut se produire naturellement au stade où il n'y a que deux cellules pour donner des jumeaux identiques. Chez les bovins, les cellules individuelles d'embryons de quatre et huit cellules implantées chez des mères porteuses différentes peuvent se développer normalement et produire des veaux. Cette technique est utilisée régulièrement depuis plus de dix ans dans les programmes d'élevage de bovins;
- la création d'un ou plusieurs animaux génétiquement identiques par le transfert du noyau d'une cellule adulte dans un ovule vidé de son noyau. C'est ce qu'on appelle également le transfert nucléaire ou le remplacement du noyau cellulaire, et c'est ainsi que Dolly a été créée.

Mitose:
processus de division cellulaire précédé de la réplication des chromosomes, qui résulte en deux cellules filles identiques.

Cellule diploïde: cellule contenant deux exemplaires de chaque chromosome (46 chez l'individu), caractéristique des cellules somatiques.

Ovocyte: ou ovule, cellule germinale femelle (œuf).

Technologie

Le transfert nucléaire implique de transférer le noyau d'une cellule diploïde* (contenant 30000 à 40000 gènes, et une série complète de paires de chromosomes) dans un ovule non fécondé dont on a retiré le noyau maternel. La technique comporte plusieurs étapes (voir le diagramme ci-après). Le noyau lui-même peut être transféré ou la cellule intacte peut être injectée dans l'ovocyte*. Dans ce dernier cas, l'ovocyte et la cellule donneuse sont normalement fusionnés et l'«embryon reconstruit» est activé au moyen d'une petite décharge électrique. Chez les moutons, les embryons sont alors cultivés cinq à six jours et ceux qui semblent se développer normalement (généralement 10% environ) sont implantés chez des mères porteuses.

Le transfert nucléaire n'est pas une technique nouvelle. Il a été employé pour la première fois en 1952 pour étudier le développement précoce des grenouilles et utilisé dans les années 1980 pour cloner des bovins et des ovins en employant des cellules prélevées directement sur des embryons à un stade précoce. En 1995, Ian Wilmut, Keith Campbell (voir chapitre «Histoire du clonage», p. 39) et leurs collègues ont créé des agneaux vivants – Megan et Morag – à partir de fibroblastes (cellules différenciées prélevées sur un foetus) qui avaient été cultivés plusieurs semaines en laboratoire. C'était la première fois que des animaux vivants étaient créés à partir de cellules cultivées, et ce succès a ouvert la possibilité d'introduire des modifications génétiques plus précises chez les animaux d'élevage. C'était également la première fois que des cellules différenciées somatiques (c'est-à-dire non embryonnaires) étaient «reprogrammées» avec succès dans un ovule non fécondé.

En 1996, les chercheurs du Roslin Institute, en collaboration avec PPL Therapeutics, ont créé Dolly, premier animal cloné à partir d'une cellule provenant d'un animal adulte. L'annonce de sa naissance en février 1997 a marqué le début de la fascination de nos sociétés à l'égard des clones de toutes sortes. Jusqu'alors, presque tous les biologistes pensaient que les cellules de notre corps avaient une fonction établie de façon irréversible: la création de Dolly à partir d'une cellule de glande mammaire d'une brebis de 6 ans a montré que cela n'était pas le cas, et cet événement a été désigné à la fin de 1997 «première avancée scientifique de l'année».

Les progrès réalisés après Dolly

Initialement, la brebis Dolly était un «clone unique», mais peu après des fibroblastes fœtaux ont été utilisés pour produire des veaux clonés par transfert nucléaire. En août 1998, un groupe d'Hawaï a publié un rapport sur le clonage de plus de cinquante souris par transfert nucléaire à partir d'animaux adultes. Depuis cette date, des groupes de chercheurs du monde entier ont rapporté avoir cloné des bovins, des ovins, des souris, des chèvres et des porcs. D'autres groupes tout aussi compétents ont échoué dans leurs tentatives de clonage de rats, de singes ou de chiens.

On constate des différences au cours du développement précoce selon les espèces, qui pourraient influer sur le taux de réussite. Chez les moutons et les humains, l'embryon se divise jusqu'aux stades de huit et seize cellules avant que les gènes nucléaires prennent en charge le développement. Mais chez les souris, cette transition se fait au stade de deux cellules. En 1998, un groupe coréen a déclaré avoir cloné un embryon humain par transfert nucléaire, mais l'expérience a pris fin au stade de quatre cellules, et il n'y a donc pas eu de preuve du succès d'une reprogrammation.

Les taux de réussite restent faibles chez toutes les espèces, avec des données publiées montrant qu'en moyenne seulement 1 % environ des «embryons reconstitués» produisent des naissances vivantes. Etant donné que les échecs en matière de clonage sont rarement publiés, le taux de réussite véritable doit être considérablement plus faible. De nombreux produits de clonage meurent en fin de grossesse ou peu après la naissance, souvent en raison d'un dysfonctionnement respiratoire ou cardio-vasculaire. Le développement anormal du placenta est courant et représente probablement la principale cause de perte fœtale en début de grossesse. De nombreux bovins et moutons clonés sont beaucoup plus grands que la normale à la

Etat de méthylation:
état méthylé ou non de l'ADN. La méthylation est l'addition d'un groupe méthyl sur la cytosine; elle est associée aux gènes non transcrits.

Organisation de la chromatine:
organisation de l'ADN et des protéines qui composent le matériel de base des chromosomes.

naissance et des clones apparemment normaux peuvent avoir des anomalies non décelées.

Le pourcentage élevé d'anomalies n'a rien de surprenant. Le développement normal d'un embryon dépend de l'état de méthylation* de l'ADN apporté par le sperme et l'ovule, et de la reconfiguration appropriée de l'organisation de la chromatine* après fécondation. Les cellules somatiques ont une organisation de la chromatine différente de celles du sperme et la «reprogrammation» des noyaux transférés doit se produire dans les heures suivant l'activation des embryons reconstruits. Une reprogrammation incomplète ou inadéquate produira un dérèglement de l'expression génétique qui empêchera l'embryon ou le fœtus de se développer normalement, ou causera des anomalies de développement non mortelles chez ceux qui survivront.

Il ne sera pas facile d'améliorer les taux de réussite. A l'heure actuelle, la seule manière d'évaluer la «qualité» des embryons consiste à les examiner au microscope. Il est clair que la grande majorité des embryons considérés comme «normaux» ne se développent pas correctement après leur implantation. Des efforts considérables sont accomplis maintenant pour trouver des moyens systématiques d'améliorer la reprogrammation. L'accent est mis sur les mécanismes du développement précoce, et notamment sur l'«empreinte» des gènes. Une autre démarche vise à utiliser les progrès technologiques de la génomique pour analyser les profils d'expression des dizaines de milliers de gènes afin d'identifier les différences de développement entre des «embryons reconstruits» et des embryons produits par fécondation *in vivo* ou *in vitro*.

Les limites du transfert nucléaire

Il est important de reconnaître les limites du transfert nucléaire. Des projets visant à cloner des espèces disparues ont attiré une énorme publicité. Un projet australien se propose de faire revivre le «tigre de Tasmanie» par le clonage d'un spécimen qui a été conservé 153 ans dans une bouteille d'alcool, et un autre groupe de chercheurs a annoncé qu'il projetait de cloner un mammouth à partir d'un tissu vieux de 20 000 ans trouvé dans le permafrost sibérien. Toutefois, l'ADN présent dans ces échantillons est désespérément fragmenté et il n'y a aucune chance de reconstruire un génome complet. De toute façon, le transfert nucléaire exige un noyau intact, avec des chromosomes en état de fonctionnement. L'ADN seul ne suffit pas: beaucoup ont tendance à oublier que *Jurassic Park* était une œuvre de fiction.

Une autre condition évidente nécessaire au clonage est un approvisionnement suffisant en ovocytes et en mères porteuses qui porteront à terme les embryons clonés. Il sera possible de cloner des espèces menacées en utilisant des ovules et des mères porteuses appartenant à des races plus communes de la même espèce. On pourrait utiliser une espèce très proche, mais les chances de mener une grossesse à terme seraient beaucoup plus faibles si les ovules et les mères porteuses appartenaient à des espèces éloignées de l'espèce clonée. C'est ainsi que les projets visant à «sauver» le panda par clonage auraient apparemment peu ou pas de chances de réussir parce qu'il n'existe pas de parents proches pouvant fournir des ovules ou porter les embryons clonés.

La méthode de transfert nucléaire utilisée pour le bétail

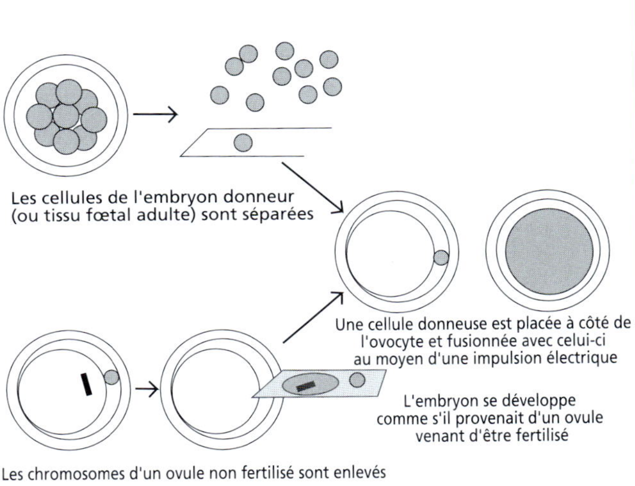

Applications

Le transfert nucléaire peut être envisagé selon deux perspectives: pour créer des copies identiques d'animaux ou pour convertir des cellules en culture en animaux vivants.

La première perspective a des applications concernant la production de bétail, la seconde offre pour la première fois la possibilité d'introduire des modifications génétiques précises chez des espèces d'animaux d'élevage.

Le clonage dans la production d'animaux d'élevage

Le transfert nucléaire peut servir en principe à créer un nombre infini de clones des meilleurs animaux d'élevage. Dans la pratique, le clonage devrait être limité aux bovins et aux porcins parce que ce n'est que pour ces espèces que les bénéfices pourraient justifier les coûts. Des vaches d'élite clonées ont été vendues aux enchères aux Etats-Unis pour plus de 40 000 dollars par tête, mais ces prix reflètent davantage leur valeur de nouveauté que leur valeur économique. Pour être efficace, le clonage devrait être intégré systématiquement dans les programmes d'élevage et il faudra veiller à conserver la diversité génétique. Il reste aussi à prouver que les clones produisent régulièrement le rendement commercial attendu et sont en bonne santé, et que cette technologie peut être mise en œuvre sans menacer le bien-être des animaux.

Production de protéines thérapeutiques humaines

Les protéines humaines sont très demandées pour le traitement d'un certain nombre de maladies. Alors que certaines peuvent être obtenues par une purification du sang, cette méthode coûte cher et présente le risque d'une contamination par le virus du sida ou l'hépatite C. On peut produire des protéines par la culture de cellules humaines, mais les coûts sont extrêmement élevés et la production limitée. Des quantités beaucoup plus importantes peuvent être produites dans des bactéries ou des levures, mais les protéines obtenues sont parfois difficiles à purifier et ne produisent pas les modifications post-traductionnelles appropriées nécessaires pour être efficaces *in vivo*.

Au contraire, les protéines humaines qui présentent les modifications post-traductionnelles appropriées peuvent être produites dans le lait de brebis, chèvres et vaches transgéniques. On peut en obtenir jusqu'à quarante grammes par litre de lait à des coûts relativement bas. Le transfert nucléaire permet d'insérer des gènes humains en des points spécifiques du génome, améliorant la fiabilité de leur expression* et permettant la délétion de certains gènes*.

Profil d'expression: caractéristiques de l'expression d'un gène (localisation et temporalité de cette expression), c'est-à-dire l'endroit et le moment où l'ARN ou la protéine qu'il code sont produits.

Délétion d'un gène: de même que les gènes humains peuvent être introduits dans le génome d'un animal, les gènes indésirables pourraient en être éliminés. Le transfert d'un noyau contenant ce génome modifié produirait alors un organisme dans lequel le gène indésirable ne serait plus exprimé.

La xénotransplantation

La pénurie chronique d'organes à transplanter signifie qu'une partie seulement des patients qui pourraient en profiter subissent une transplantation. Plusieurs entreprises sont en train de mettre au point des porcs génétiquement modifiés qui pourraient offrir des organes de remplacement, mais, jusqu'à présent, les modifications ont seulement consisté à ajouter des gènes. Le transfert nucléaire permettra de supprimer certains gènes présents chez les porcs. Les chercheurs s'efforcent actuellement d'éliminer le gène de l'alphagalatosyl transférase. Celui-ci code pour une enzyme qui crée des groupes de carbohydrates liés aux tissus des porcs et qui seraient largement responsables du rejet immédiat d'un organe de porc normal greffé sur un patient humain.

Thérapies cellulaires

Des groupes de chercheurs sont en train de mettre au point des transplantations cellulaires pour un très grand nombre de maladies courantes, comme la maladie de Parkinson, la crise cardiaque, l'attaque et le diabète. Les cellules transplantées risquent d'être rejetées en tant qu'organes, mais ce problème pourrait être évité si l'on pouvait produire le type de cellules nécessaires à partir des cellules des patients concernés. Le clonage d'animaux adultes à partir de divers types de cellules montre que l'ovule et l'embryon précoce ont la capacité de «reprogrammer» même des cellules complètement différenciées. Lorsque nous comprendrons mieux les mécanismes impliqués, nous pourrons trouver d'autres méthodes permettant de «reprogrammer» les propres cellules d'un malade sans créer (ni détruire) des embryons humains.

Annexe II – Sites web

Explications scientifiques

Le clonage: explications scientifiques (français)
http://www.cybersciences.com/Cyber/1.0/1_171_228.asp

Entreprises et centres de recherche

Roslin Institute, Edimbourg
http://www.ri.bbsrc.ac.uk/library/research/cloning/
http://www.roslin.ac.uk/about/

Wellcome Trust Centre for Human Genetics
http://www.well.ox.ac.uk/index.html
http://www.wellcome.ac.uk/en/1/awtcon.html

Research defense society – Animal cloning
http://www.rds-online.org.uk/hottopic2.html

Institut national de la recherche agronomique
http://www.inra.fr

Législations, directives et organisations

Conseil de l'Europe
http://www.coe.int

Protocole additionnel à la Convention pour la protection des droits de l'homme et de la dignité de l'être humain à l'égard des applications de la biologie et de la médecine, portant interdiction du clonage d'êtres humains, signé par vingt et un Etats le 12 janvier 1998, et en vigueur dans 11 Etats au 8 avril 2002.
http://conventions.coe.int/Treaty/FR/Cadreprincipal.htm

Division de la bioéthique
http://dev.legal.coe.int/bioethics/index.html

Unesco: Déclaration universelle sur le génome humain et les droits de l'homme, 11 novembre 1997
http://www.unesco.org/ibc/fr/genome/projet/

Comité international de bioéthique à l'Unesco
http://www.unesco.org/ibc/fr/index.html

Assemblée nationale: rapports de l'Office parlementaire d'évaluation des choix scientifiques et technologiques (7 décembre 2001)
http://www.assemblee-nat.fr/documents/index-oecst.asp

Avis sur l'avant-projet de révision des lois de bioéthique, n° 67, 18 janvier 2001
http://www.ccne-ethique.org/francais/avis/a_067.htm

Texte du Gouvernement anglais sur le clonage:
Cloning-Reproduction, Science&Medicine-DoH
http://www.doh.gov.uk/cloning.htm

Comités d'éthique

Comité international de bioéthique à l'Unesco
http://www.unesco.org/ibc/fr/index.html

Comité consultatif national d'éthique (France)
http://www.ccne-ethique.org/

Comité consultatif national de bioéthique de Belgique
http://www.health.fgov.be/bioeth/fr/avis/avis-n10.htm

Nuffield Council on Bioethics: An advisory body sponsored by the Nuffield Foundation to examine ethical issues arising from recent advances in biological and medical research
www.nuffieldfoundation.org/bioethics/

Euroethics
http://www.gwdg.de/~uelsner/euroeth.htm

Religions

Académie pontificale pour la vie:
Réflexion sur le clonage
http://www.vatican.va/roman_curia/pontifical_academies/acdlife/documents/rc_pa_acdlife_doc_30091997_clon_fr.html

Sectes

Secte des raéliens:
Site de la secte des raéliens
http://www.clonaid.com/

Articles de journaux en français

Courrier international
«Frankenstein l'a rêvé, Antinori va le faire...» (8 août 2001)
http://www.courrierinternational.com/numeros/561/882001_fdj.asp?TYPE=archives

«Clonage: le «non» timide des euro-députés» (8 septembre 2000)
http://www.courrierinternational.com/numeros/514/892000_fdj.asp?TYPE=archives

Le Monde
«Vers le clonage humain?»
http://www.lemonde.fr/dossier/0,5987,3244-6199–,00.html

Le Monde diplomatique (articles de fond, réflexion sur l'humain)

«Comment Monsanto vend les OGM»
http://www.monde-diplomatique.fr/2001/07/SINAI/15435

«L'homme en voie de disparition»
http://www.monde-diplomatique.fr/2001/08/GUILLEBAUD/15460

«Vache folle, OGM, clonage… les experts, la science et la loi»
http://www.monde-diplomatique.fr/2000/09/TESTART/14247

Journaux scientifiques

Info-science, dossier clonage:
http://www.infoscience.fr/dossier/clonage/clonage_som.html

« Severino Antinori, gynécologue italien, créateur supposé d'un clone humain »:
http://www.lemonde.fr/

« Le premier chat cloné se porte bien »:
http://www.lemonde.fr/

Annexe III – Traité du Conseil de l'Europe

Protocole additionnel à la Convention pour la protection des droits de l'homme et de la dignité de l'être humain à l'égard des applications de la biologie et de la médecine, portant interdiction du clonage d'êtres humains

Paris, 12 janvier 1998

Les Etats membres du Conseil de l'Europe, les autres Etats et la Communauté européenne, signataires du présent Protocole additionnel à la Convention pour la protection des droits de l'homme et de la dignité de l'être humain à l'égard des applications de la biologie et de la médecine,

Prenant acte des développements scientifiques intervenus en matière de clonage de mammifères, en particulier par la division embryonnaire et par le transfert de noyau;

Conscients des progrès que certaines techniques de clonage peuvent, en elles-mêmes, apporter à la connaissance scientifique ainsi qu'à ses applications médicales;

Considérant que le clonage d'êtres humains pourrait devenir une possibilité technique;

Ayant noté que la division embryonnaire peut se produire naturellement et donner lieu parfois à la naissance de jumeaux génétiquement identiques;

Considérant cependant que l'instrumentalisation de l'être humain par la création délibérée d'êtres humains génétiquement identiques est contraire à la dignité de l'homme et constitue un usage impropre de la biologie et de la médecine;

Considérant également les grandes difficultés d'ordre médical, psychologique et social qu'une telle pratique biomédicale, employée délibérément, pourrait impliquer pour toutes les personnes concernées;

Considérant l'objet de la Convention sur les droits de l'homme et la biomédecine, en particulier le principe énoncé à l'article 1 visant à protéger l'être humain dans sa dignité et son identité,

Sont convenus de ce qui suit:

Article 1

1. Est interdite toute intervention ayant pour but de créer un être humain génétiquement identique à un autre être humain vivant ou mort.

2. Au sens du présent article, l'expression être humain «génétiquement identique» à un autre être humain signifie un être humain ayant en commun avec un autre l'ensemble des gènes nucléaires.

Article 2

Aucune dérogation n'est autorisée aux dispositions du présent protocole au titre de l'article 26, paragraphe 1, de la convention.

Article 3

Les Parties considèrent les articles 1 et 2 du présent protocole comme des articles additionnels à la convention et toutes les dispositions de la convention s'appliquent en conséquence.

Article 4

Le présent protocole est ouvert à la signature des signataires de la convention. Il sera soumis à ratification, acceptation ou approbation. Un signataire ne peut ratifier, accepter ou approuver le présent protocole sans avoir antérieurement ou simultanément ratifié, accepté ou approuvé la convention. Les instruments de ratification, d'acceptation ou d'approbation seront déposés près le Secrétaire Général du Conseil de l'Europe.

Article 5

1. Le présent protocole entrera en vigueur le premier jour du mois qui suit l'expiration d'une période de trois mois après la date à laquelle cinq Etats, incluant au moins quatre Etats

membres du Conseil de l'Europe, auront exprimé leur consentement à être liés par le protocole conformément aux dispositions de l'article 4.

2. Pour tout signataire qui exprimera ultérieurement son consentement à être lié par le protocole, celui-ci entrera en vigueur le premier jour du mois qui suit l'expiration d'une période de trois mois après la date du dépôt de l'instrument de ratification, d'acceptation ou d'approbation.

Article 6

1. Après l'entrée en vigueur du présent protocole, tout Etat qui a adhéré à la convention pourra adhérer également au présent protocole.

2. L'adhésion s'effectuera par le dépôt, près le Secrétaire Général du Conseil de l'Europe, d'un instrument d'adhésion qui prendra effet le premier jour du mois qui suit l'expiration d'une période de trois mois après la date de son dépôt.

Article 7

1. Toute Partie peut, à tout moment, dénoncer le présent protocole en adressant une notification au Secrétaire Général du Conseil de l'Europe.

2. La dénonciation prendra effet le premier jour du mois qui suit l'expiration d'une période de trois mois après la date de réception de la notification par le Secrétaire Général.

Article 8

Le Secrétaire Général du Conseil de l'Europe notifiera aux Etats membres du Conseil de l'Europe, à la Communauté européenne, à tout signataire, à toute Partie et à tout autre Etat qui a été invité à adhérer à la Convention:

a. toute signature;

b. le dépôt de tout instrument de ratification, d'acceptation, d'approbation ou d'adhésion;

c. toute date d'entrée en vigueur du présent protocole conformément à ses articles 5 et 6;

d. tout autre acte, notification ou communication ayant trait au présent protocole.

En foi de quoi, les soussignés, dûment autorisés à cet effet, ont signé le présent protocole.

Fait à Paris, le 12 janvier 1998, en français et en anglais, les deux textes faisant également foi, en un seul exemplaire qui sera déposé dans les archives du Conseil de l'Europe. Le Secrétaire Général du Conseil de l'Europe en communiquera copie certifiée conforme à chacun des Etats membres du Conseil de l'Europe, aux Etats non membres qui ont participé à l'élaboration du présent protocole, à tout Etat invité à adhérer à la Convention et à la Communauté européenne.